Xpert.press

Die Reihe **Xpert.press** vermittelt Professionals in den Bereichen Softwareentwicklung, Internettechnologie und IT-Management aktuell und kompetent relevantes Fachwissen über Technologien und Produkte zur Entwicklung und Anwendung moderner Informationstechnologien.

Kiumars Farkisch

Data-Warehouse-Systeme kompakt

Aufbau, Architektur, Grundfunktionen

Springer

Dr. Kiumars Farkisch
Wiesbadener Str. 42
14197 Berlin
Deutschland
Kiumars.Farkisch@gmail.com

ISSN 1439-5428
ISBN 978-3-642-21532-2 e-ISBN 978-3-642-21533-9
DOI 10.1007/978-3-642-21533-9
Springer Heidelberg Dordrecht London New York

Die Deutsche Nationalbibliothek verzeichnet diese Publikation in der Deutschen Nationalbibliografie; detaillierte bibliografische Daten sind im Internet über http://dnb.d-nb.de abrufbar.

Einbandentwurf: KünkelLopka GmbH, Heidelberg

Gedruckt auf säurefreiem Papier

Springer ist Teil der Fachverlagsgruppe Springer Science+Business Media (www.springer.com)

Vorwort

Ein wesentlicher Grund für den Erfolg und die Aktualität der Thematik der Data-Warehouse-Systeme besteht ohne Zweifel zum einen in den rasant und ständig wachsenden Datenmengen; zum anderen ermöglicht es der technische Fortschritt mittels größerer Rechen- und Speicherkapazitäten immer schneller größere Datenmengen zu verarbeiten. Data-Warehouse-Systeme stellen multidimensionale Daten samt der Navigationsräume zur Verfügung, die die Grundlagen etwaiger Analysen und Auswertungen, Simulationen, Berichte und Prognosen auf Basis diverser Methoden und Modelle bilden. Durch das Data-Warehouse-System können die Barrieren der heterogenen und verteilten Daten und Datenbestände überwunden werden, sodass eine einheitliche unternehmensweite konsistente Datenbasis definiert und bereitgestellt werden kann.
Angesichts der Aktualität und der Wichtigkeit des Themas erscheint es mir als besonders sinnvoll, eine Abhandlung des komplexen Themas des Data-Warehouse-Systems aus einem Guss in einer klaren verständlichen Sprache anzubieten, die das Wesentliche kompakt, vollständig und fachkundig beschreibt.

Das vorliegende Buch stellt das Data-Warehouse-Konzept dar, indem die Definitionen und Beschreibungen grundlegender Konzepte betrachtet und erläutert werden. Hierbei werden die charakteristischen Eigenschaften des Data-Warehouse-Konzepts, wie multidimensionale Datenmodellierung, Klassenhierarchien, Kennzahlen, Views auf Data-Cubes sowie die unterschiedlichen Speicherkonzepte der Star-, Snowflake- und Galaxie- Datenmodelle erläutert. Das Buch beleuchtet die Architektur, den Aufbau und die Optimierungsmaßnahmen zur Steuerung der Performance und die Funktionen des OLAM (Online Analytical Data Mining). Es gibt einen detaillierten Überblick über den ETL-Prozess, stellt die besondere Rolle der Metadaten heraus und diskutiert die aktuellen Entwicklungen.

Inhaltsverzeichnis

Abbildungsverzeichnis

Tabellenverzeichnis

Kapitel 1
Einleitung

Datenbanksysteme sind eine wesentliche Grundlage für die betriebliche Informationsversorgung in Unternehmen; sie stellen den Anwendern eine strukturierte Datenverwaltung und einen effizienten Datenzugriff zur Verfügung. Vorwiegend werden in Datenbanksystemen operative[1] Daten, d. h. die für Arbeitsabläufe im Unternehmen notwendigen Daten abgelegt und verwaltet. Neben operativen Daten werden heutzutage von vielen im Unternehmen eingesetzten Anwendungen Daten automatisch erzeugt und gesammelt.[2] Die meisten Unternehmen betreiben mehrere zum Teil heterogene operative Systeme, die aufeinander nicht abgestimmt und oft mangelhaft dokumentiert sind. Erschwerend kommen die vielen unterschiedlichen Datenformate, Zugriffsmechanismen und Speichertechniken dazu, die es den Mitarbeitern und Managern in einem Unternehmen fast unmöglich machen, zu wissen, wo welche Daten verfügbar sind und wie eine gewünschte Information aus unterschiedlichen Quellen abgerufen werden kann. In Anbetracht der rasant steigenden Rechenleistungen und Rechenkapazitäten sowie der Entwicklung von effizienten Techniken, Methoden und Werkzeugen zur Analyse und zur Auswertung von Daten im Unternehmen stellt sich die Frage nach der Analyse und Auswertung und nach dem unternehmerischen Nutzen solcher gesammelten bzw. gespeicherten Daten. Hinzu kommt der Wunsch, aus den gesammelten Daten neue Informationen und neue Erkenntnisse zu generieren bzw. zu gewinnen, die in dieser Form nicht explizit in den Daten vorkommen oder zu erkennen sind.

Damit das Unternehmensmanagement sinnvoll planen und entscheiden kann, wurde parallel zum Einsatz von Datenbanksystemen an der Entwicklung entscheidungsunterstützender Informationssysteme gearbeitet.[3] Der Bedarf, die

[1] Betriebswirtschaftlich administrative Systeme werden auch als operative Systeme bezeichnet. Diese stellen Funktionen zur Durchführung und Verwaltung der geschäftlichen Transaktionen eines Unternehmens zur Verfügung. Zu den Aufgaben der operativen Systeme zählen etwa Auftragserfassung, Rechnungslegung, Personalverwaltung, Lagerverwaltung und Lohnbuchhaltung.

[2] Beispielweise Anwendungen im Bereich Telekommunikation oder Kassenautomaten im Handel.

[3] Vgl. Hansen und Neumann (2001, S. 459). *Decision Support System*. Ein Informationssystem, das Funktionen zur Überprüfung von Hypothesen bereitstellt, heißt entscheidungsunterstützendes Informationssystem. Der Benutzer kann seine Annahmen über Zusammenhänge anhand der im System vorhandenen Daten überprüfen.

K. Farkisch, *Data-Warehouse-Systeme kompakt*, Xpert.press,
DOI 10.1007/978-3-642-21533-9_1, © Springer-Verlag Berlin Heidelberg 2011

Entscheidungsträger und Manager bei dem Prozess der Entscheidungsfindung mit gesammelten, aggregierten Daten und Informationen zu versorgen bzw. zu unterstützen, ist groß.

Der erfolgreiche Einsatz entscheidungsunterstützender Systeme ist ohne adäquate Bereitstellung von relevanten Unternehmensdaten nicht möglich. Die hauptsächlichen Hindernisse für die Bereitstellung einer konsistenten unternehmensweiten Datenbasis sind die Heterogenität[4] und die technische Unzulänglichkeit der eingesetzten Systeme. Die Entkopplung operativer und analytischer Informationssysteme ist eine wesentliche Voraussetzung für die Bewältigung technischer und administrativer Schwierigkeiten bei der Datenbereitstellung in einem entscheidungsunterstützenden Informationssystem.[5] Die entscheidungsunterstützenden Systeme, die unter verschiedenen Namen wie *Decision Support Systems* (DSS), *Executive Information Systems* (EIS) und *Management Information Systems* (MIS) existieren, waren ein erster Ansatz zur Lösung der komplexen Datenhaltung und Datenanalyse.

Zu Analysezwecken brauchen viele Benutzer lediglich einen schnellen Lesezugriff auf große zum Teil verteilte Datenmengen, die wiederum nur bedingt auf einen Desktop geladen werden können. Das Problem hierbei ist, dass große Datenmengen sich nicht in solchen lokalen Informationssystemen speichern lassen. Ferner ist es nicht unproblematisch, die lokal gehaltenen Daten kontrolliert zu aktualisieren. Die Gefahr, dass unternehmensrelevante Entscheidungen auf Grundlage eines inkonsistenten, nicht bereinigten Datenmaterials getroffen werden, ist groß.

In konventionellen Datenverarbeitungen sind aussagekräftige statistische Firmenanalysen, Szenarien, Simulationen, Prognosen oder betriebswirtschaftliche Modellrechnungen – wenn überhaupt – nur mit erheblichem programmiertechnischem Aufwand möglich. Die relevanten Daten stammen oftmals aus verschiedenen, teilweise inkompatiblen Datenbanken mit jeweils unterschiedlichen Datenmodellen und unterliegen kurzfristigen Änderungszyklen. Da ein Großteil der durchzuführenden Analysen wiederkehrend und vorhersehbar ist, liegt der Gedanke nahe, Systeme zur Unterstützung dieser Aufgaben und Funktionen zu entwerfen und anzubieten.[6]

Beim Einsatz von Datenbanksystemen zur Entscheidungsunterstützung hat sich die Methode des Abkapselns bzw. Separierens der Daten aus den operationalen Datenbanksystemen und der Ablage dieser Daten in einem Datenlager oder

[4]Unterschiedliche Arten der Heterogenität können wie folgt identifiziert werden:

- Technisch (Mainframe, Flatfile, IMS,DB2, ...)
- Logisch (Schemata, Formate, Darstellungen)
- Syntaktisch (Datum, Codierung, Währung, ...)
- Qualität (fehlende oder falsche Werte, Duplikate, ...)
- Verfügbarkeit (permanent, periodisch)
- Rechtlich (Datenschutz, Zugriffverwaltung)

[5]Vgl. Albrecht (2001, S. 1).

[6]Vgl. Farkisch (1999, S. 36–38).

anders ausgedrückt in einem Data Warehouse durchgesetzt.[7] Die immer größer werdenden Datenmengen sowie die breiten Einsatzmöglichkeiten von computergestützten Analysewerkzeugen und Techniken haben seit den 1990er Jahren die Entwicklung von Data-Warehouse-Systemen maßgeblich bewirkt und vorangetrieben. Data-Warehouse-Systeme stellen Speicher, Funktionen und Operationen zur Beantwortung von Anfragen zur Verfügung, die über die Möglichkeiten und über die Funktionalitäten der traditionellen und transaktionsorientierten Datenbanksysteme hinausgehen. Sie unterscheiden sich hinsichtlich ihrer Struktur, Funktionsweise, Performanz und ihres Zweckes deutlich von traditionellen Datenbanksystemen.[8] Data-Warehouse-Systeme unterstützen die Anwender beim Entscheidungsfindungsprozess durch die Bereitstellung der Funktionalitäten wie Data Warehousing, *On-Line Analytical Processing* (OLAP), multidimensionale Datenhaltung, multidimensionale Datenanalyse, Data Mining und *Knowledge Discovery*.

[7] Vgl. Vossen (2008, S. 479).

[8] Vgl. Elmasri und Navathe (2002, S. 901–903).

Kapitel 2
Terminologie und Definition

In zahlreichen Publikationen und Fachzeitschriften tauchen die Begriffe Data Warehouse, Data Warehousing, Data-Warehouse-System, Metadaten, Dimension, multidimensionale Datenmodellierung und OLAP (*On-Line Analytical Processing*) zum Teil mit unterschiedlichen Interpretationen und Auslegungen auf, was manchmal sehr verwirrend sein kann.

Um eine gemeinsame Begriffswelt mit einheitlichen Fachtermini zu schaffen, werden in diesem Kapitel essenzielle Begriffe genauer erläutert und definiert. Dabei wurde einerseits bewusst auf die in der Literatur am häufigsten verwendeten und zitierten Definitionen zurückgegriffen, um unterschiedlichen Begriffsverständnissen vorzubeugen, andererseits sind einige wichtige und geläufige Interpretationen dieser Begriffe der Vollständigkeit halber erwähnt, um ein genaueres Verständnis des Themenbereichs zu erzielen. Hierbei sind die Definitionen und Erläuterungen größerer Softwarefirmen, die durch ihre am Markt vorhandenen zahlreichen Produkte zum Teil diese Begriffe mitgeprägt haben, berücksichtigt worden.

2.1 Data Warehouse

Ein Data Warehouse integriert Informationen aus vielen unterschiedlichen Quellen in einer für die Entscheidungsfindung optimierten Datenbank.

> a data warehouse is a subject oriented, integrated, non-volatile, and time variant collection of data in support of managements decisions.[1]

W. H. (Bill) Inmon[2] gilt als der Vater des Konzepts des Data Warehouse. Er definiert und charakterisiert ein Data Warehouse als „themenorientierte, integrierte, zeitbezogene und nicht-flüchtige Datenbank zur Unterstützung von Managemententscheidungen".

Themenorientiert besagt hier, dass beispielsweise nicht die einzelnen Transaktionen, Aufträge oder Buchungen, sondern Kennzahlen wie Kosten und Umsätze

[1] Vgl. Inmon (1996, S. 33).

[2] W.H. (Bill) Inmon soll den Begriff Data Warehouse geprägt haben.

K. Farkisch, *Data-Warehouse-Systeme kompakt*, Xpert.press,
DOI 10.1007/978-3-642-21533-9_2, © Springer-Verlag Berlin Heidelberg 2011

eines bestimmten Geschäftsbereichs von Interesse sind. Das heißt, der Zweck der Datenbank liegt nicht in der Erfüllung einer Aufgabe wie etwa eine Auftragsdatenverwaltung, sondern auf der Modellierung eines spezifischen Themenbereichs. Ausgehend von einer zweckneutralen Darstellung werden die Daten für spezifische Auswertungen sowohl logisch als auch physisch organisiert. Hierbei wird für eine Vielzahl der Anwendungen eine multidimensionale Sichtweise mit einer Unterscheidung in quantifizierbare Kennzahlen und beschreibende Informationen erwünscht.[3]

Integrierte Daten können aus vielen unterschiedlichen Quellen und Fremdsystemen stammen, werden aber in einheitliche Formate umgesetzt und folgen gleichen Regeln und Konventionen. Die *Integration* ist die Funktionalität und die Mächtigkeit Daten aus unterschiedlichen operativen Datenbanken miteinander in Verbindung zu bringen. Daten werden aus unterschiedlichen inkompatiblen Systemen mit jeweils unterschiedlichen Datenmodellen extrahiert, in einem oft komplexen Prozess bereinigt und anschließend zu einem integrierten Datenbestand verknüpft. Hierbei stellt sich die Frage nicht nur nach der Integration von Daten, sondern auch nach der Integration von Schemata aus heterogenen multiplen inkompatiblen Quellen.

Zeitlich veränderlich bezieht sich auf die Zeitabhängigkeit der Daten. In operativen Systemen sind diese so aktuell wie im Moment der Eingabe und reichen in der Regel 30–90 Tage zurück. In einer Data Warehouse Umgebung stellen vorhandene Daten immer eine Art ‚Schnappschuss' eines bestimmten Zeitpunkts oder Raumes dar. Sie werden periodisch (je nach Anwendungsfall stündlich, täglich, wöchentlich oder monatlich) aktualisiert und nicht in Echtzeit verarbeitet. Im Unterschied zu operativen Datenbanken, in denen die Daten meist den aktuellen Stand repräsentieren, werden die Daten im Data Warehouse *zeitbezogen* abgelegt. Die Verarbeitung der Daten ist so angelegt, dass Vergleiche über die Zeit ermöglicht werden. Hierzu ist es notwendig, Daten über einen längeren Zeitraum zu erfassen und zu speichern.

Unter dem Begriff *nicht-flüchtige* Datenbank wird hierbei verstanden, dass einmal im Data Warehouse eingebrachte und gespeicherte Daten weder modifiziert noch entfernt werden dürfen, sodass im Laufe der Zeit eine Historisierung der extrahierten Zustände und Daten der Quellesysteme erreicht wird. Die Historisierung kann aus systemtechnischen Gründen wie z. B. Speicherkapazität optional eingeschränkt werden.

Ergänzend zu dieser Definition von Data Warehouse wird in Bauer und Günzel (2004) eine neue und erweiterte Definition vorgeschlagen:

> Ein Data Warehouse ist eine physische Datenbank, die eine integrierte Sicht auf beliebige Daten zu Analysezwecken ermöglicht.[4]

K. U. Sattler und G. Saake halten an der Definition von W.H. Inmon fest und beschreiben Data Warehouse als Sammlung von Technologien zur Unterstützung von Entscheidungsprozessen.[5]

[3]Vgl. Lehner (2003, S. 10).

[4]Vgl. Bauer und Günzel (2004, S. 7).

[5]Vgl. Sattler und Saake (2006/2007, S. 9).

Die Softwarefirma Oracle orientiert sich ebenfalls an der von W.H. Inmon eingeführten Definition und beschreibt Data Warehouse wie folgt:

> A data warehouse is a relational database that is designed for query and analysis rather than for transaction processing. It usually contains historical data derived from transaction data, but can include data from other sources. Data warehouses separate analysis workload from transaction workload and enable an organization to consolidate data from several sources.[6]

IBM liefert folgende Beschreibung für den organisatorischen Aspekt eines Data Warehouse:

> A *data warehouse* is an organization's data with a corporate wide scope for use in decision support and informational applications.[7]

Das Kernelement eines jeden Data Warehouse stellen eine oder auch mehrere autonome Datenbanken dar, die aufbereitete Daten aus den inkompatiblen Datenbeständen inklusive der Datenmodelle enthalten. Alle relevanten Informationen werden hier gesammelt und archiviert. Neue Informationen kommen hinzu, während die alten Informationen erhalten bleiben. Dadurch entsteht eine Historie der Daten. Zusätzlich zu den im Unternehmen anfallenden Daten, die die Basis für Auswertungen sind, können Daten aus externen Quellen genutzt werden, etwa aus dem *World Wide Web* oder von beliebigen externen Dienstanbietern.

In diesen Datenbanken entstehen somit sehr schnell umfangreiche Datenmengen. Um in den großen Mengen anfallender Daten nicht den Überblick zu verlieren und damit es nicht zum Datenchaos kommt, ist es wichtig, vernünftige Granularitätsebenen und Verdichtungen zu planen und einzuführen. So kann das Data Warehouse auch den sehr unterschiedlichen Informationsbedürfnissen eines gesamten Unternehmens dienen bzw. gerecht werden.

Der große Vorteil beim Einsatz eines Data Warehouse ist es, dass die Daten aus unterschiedlichen Datenquellen bereinigt, integriert und anschließend analysiert werden können, ohne diese Quellen selbst in ihrer Funktion zu beeinträchtigen. Diese physische Trennung zwischen Data Warehouse und den Quelldaten erlaubt speziell die Modellierung der Daten hinsichtlich analytischer Anwendungen.

2.2 Data-Warehouse-System

Während der Begriff Data Warehouse nur die eigentliche Datenbank bezeichnet, beschreibt ein Data-Warehouse-System die gesamte technische Infrastruktur zur Beschaffung, Speicherung und Auswertung der Daten.[8]

W. Lehner definiert ein Data-Warehouse-System als eine Sammlung von Systemkomponenten und einzelnen Datenbanken, deren Daten auswertungsorientiert

---

[6]Vgl. Oracle (September 2007, S. 29, Abschn. 1-1).

[7]Vgl. Bruni et al. (July 2008, S. 32).

[8]Vgl. Albrecht (2001, S. 3).

organisiert sind und in einem mehrstufigen Prozess, basierend auf einer Vielzahl von Quellsystemen, abgeleitet werden.[9]

2.3 Data Warehousing

Data Warehousing ist ein dynamischer Vorgang bzw. ein Prozess, angefangen beim Datenbeschaffungsprozess über das Speichern bis hin zur Analyse der Daten, d.h., es beschreibt den Fluss und die Verarbeitung der Daten aus den Datenquellen bis zum Analyseergebnis beim Anwender.[10]

Data Warehousing beschreibt den Prozess, der notwendig ist, um ein Data Warehouse System zu planen, aufzubauen und insbesondere zu betreiben. Dazu zählen vor allem die Extraktion der relevanten Daten aus Quellsystemen, die Transformation und ggf. die Datenbereinigung,[11] Integration, Modellierung, Analyse und Auswertung dieser Daten. Data Warehousing ist der Prozess der Beschaffung und der Auswertung der Daten eines Data Warehouse und umfasst folgende Aktivitäten, die in Abb. 2.1 dargestellt werden:

1. Die Extraktion der relevanten Daten aus Quellsystemen
2. Die Transformation und Bereinigung der Daten der Quellsysteme
3. Laden der bereinigten, konsistenten Daten in das Data Warehouse
4. Dauerhafte Speicherung der Daten im Date Warehouse
5. Bereitstellung der zu Analysezwecken benötigten Datenbestände aus dem Data Warehouse
6. Auswertung und Analyse der Datenbestände

Die Aktivitäten in Punkt 1–3 werden zusammengefasst auch als ETL-Prozess[12] bezeichnet, der später (siehe Abschn. 8.3) genauer erörtert wird. Unter Data Warehousing wird teilweise aber auch die Technologie, die mit dem Einsatz von Data-Warehouse-Systemen verbunden ist, verstanden.[13]

2.4 Herkunft des Data Warehousing

Die Herkunft des Data Warehousing geht auf föderierte Datenbanksysteme zurück. Um eine einheitliche unternehmensweite Datenbasis als Grundlage für Analyse und Auswertung der Daten zu schaffen, müssen die Probleme der Daten-,

[9] Vgl. Lehner (2003, S. 9–10).

[10] Vgl. Bauer undGünzel (2004, S. 8).

[11] Im Englischen Data Cleaning oder Data Cleansing genannt.

[12] ETL steht für *Extracion, Transformation and Load* (Extraktion, Transformation und Laden).

[13] Vgl. Albrecht (2001, S. 3).

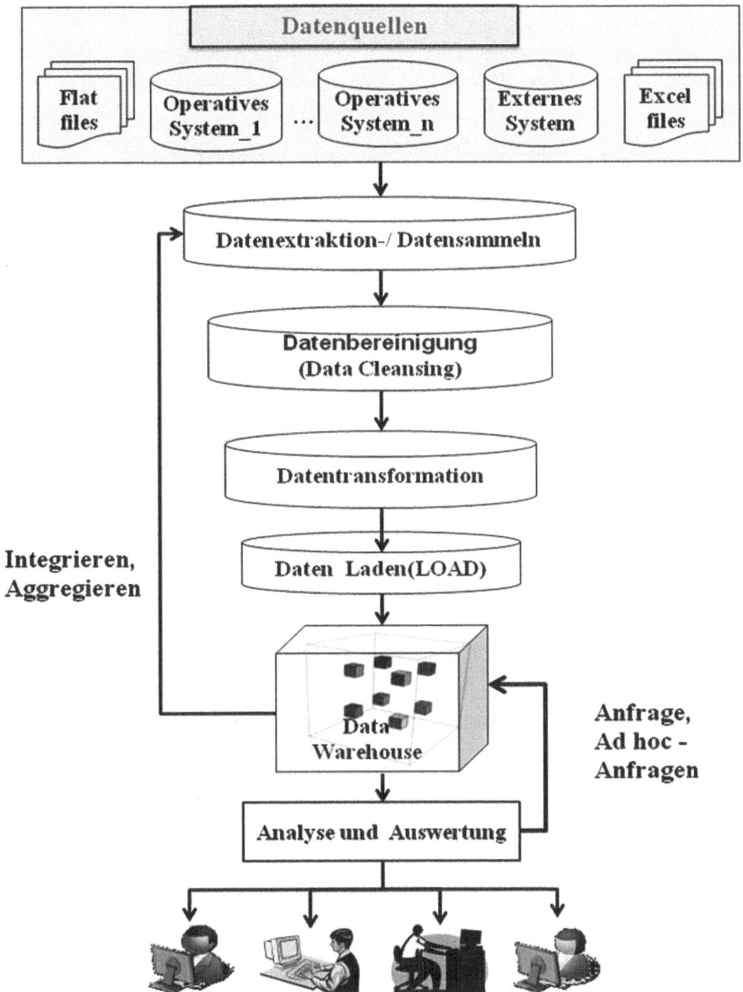

Abb. 2.1 Aktivitäten beim Data Warehousing

Schemata-, und Systemheterogenität beseitigt werden. Die Erfüllung dieser Anforderungen war das Ziel der so genannten föderierten Datenbanksysteme,[14] die Konzepte und Methoden zur Datenintegration zur Verfügung stellen. Zur Verarbeitung einer Analyseanfrage an so ein föderiertes Datenbanksystem wird die Analyseanfrage in Teilen zerlegt und an die entsprechenden Teilnehmersysteme der Föderation weitergereicht. Die an der Föderation beteiligten Systeme verarbeiten die Analyseanfrage anhand ihrer eigenen Datenmodelle und liefern jeweils ihre berechneten Ergebnismengen an das föderative Datenbanksystem zurück, wo

[14] Vgl. Conrad (1997, S. 31–50).

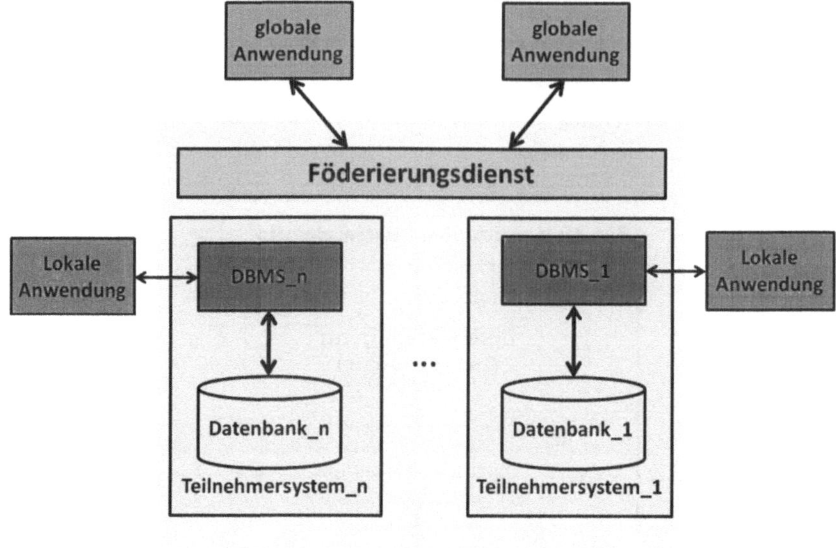

Abb. 2.2 Allgemeine Architektur föderierter Datenbanksysteme (nach Conrad)[15]

die jeweiligen Teilergebnismengen zusammengeführt werden. Sollte im Rahmen der föderierten Datenbanksysteme eine Datenintegration auf Ebene der einzelnen Datensätze erfolgen, so besteht ein großes Problem in der Ermittlung der Abbildungsregeln des globalen Datenmodells auf die lokalen Datenschemata beim Vorhandensein semantischer Mehrdeutigkeiten. Ein Data Warehouse umgeht dieses Problem dadurch, dass die Daten extrahiert, transformiert werden, um die Konsistenz der Daten zu sichern.[16]

[15]Vgl. Conrad (1997, S. 49).
[16]Vgl. Lehner (2003, S. 7f).

Kapitel 3
Multidimensionale Datenmodellierung

Traditionelle und klassische relationale Datenmodellierungen, die während der Entwurfsphase einer Datenbank erstellt werden, basieren meist auf dem Entity-Relationship-Modell. Hierbei werden durch Relationen die Attribute einer oder mehrerer Entitäten logisch in Zusammenhang gebracht, sodass Teile oder Ausschnitte aus den realen Zusammenhängen modelliert werden bzw. durch logische Schemata ausgedrückt werden können. Inwieweit so entstandene Modelle die realen Gegebenheiten korrekt, vollständig und redundanzfrei wiedergeben, hängt neben den Eigenschaften und den Fähigkeiten des eingesetzten Datenbanksystems auch vom durchgeführten Grad der Normalisierungen ab.

Relationale Datenbanken sind dafür ausgelegt, Informationen effizient zu speichern und schnelle Transaktionen durchzuführen. Die Performance des Zugriffs auf Daten in einem relationalen Datenbanksystem ist hoch und sie wird durch Einsatz von Techniken wie Primär-, Sekundärindexe und Partitionierung der physischen Speicherung erheblich gesteigert.

Traditionelle und relationale Ansätze der Datenmodellierung, Datenspeicherung und des Datenzugriffs bedingt durch Mängel an Darstellungsmitteln offenbaren Schwächen,[1] wenn es darum geht, dispositive Datenbestände und deren komplexe Datenstrukturen und Zusammenhänge im System so abzubilden und zu verwalten, dass semantisch keine Informationen verloren gehen. Um aus der konzeptuellen Sicht einem semantischen Informationsverlust vorzubeugen und die komplexen Begriffswelten, die beispielsweise durch Exploration numerischer Kennzahlen und betriebswirtschaftliche Größen entstehen, adäquat zu modellieren und im System

[1] Es existieren in der Literatur Studien, die eine Erweiterung des Entity-Relationship-Modells vorschlagen, um komplexe dispositive Daten besser darstellen zu können.

K. Farkisch, *Data-Warehouse-Systeme kompakt*, Xpert.press,
DOI 10.1007/978-3-642-21533-9_3,

zu hinterlegen, kann z. B. die Methode der graphbasierten Modellierung[2] oder das Konzept der multidimensionalen Datenmodellierung benutzt werden.[3]

Die Methode der graphbasierten Modellierung weist zwar eine hohe Flexibilität und Mächtigkeit auf, wird aber in der Praxis kaum eingesetzt und ist kaum verbreitet.[4] Darüber hinaus verfügt diese Methode zurzeit über keinen Standard. Aus diesen Gründen wird im Rahmen dieser Arbeit die Methode der graphbasierten Modellierung auch nicht näher betrachtet.

Das Konzept der multidimensionalen Datenmodellierung hat sich bei der Modellierung in einem Data-Warehouse-System durchgesetzt und im Einsatz bewährt, es gilt als eine mächtige und ausdrucksstarke Technik zur Modellierung auswertungsorientierter Datenanalysen im Entscheidungsfindungsprozess. Der Grund hierfür liegt vor allem in der Analyse- und Auswertungsorientierung solcher Anwendungen.

Typische betriebswirtschaftliche Fragen sind ihrer Natur nach mehrdimensional. Ein Analytiker fragt beispielsweise nicht „Wie viel Geld haben wir ausgegeben?“, sondern eher vielleicht „Wie viel haben uns unsere Dienstwagen im Vertrieb in diesem Jahr im Vertriebsgebiet Berlin im Vergleich zu Plan X gekostet?“. Dies ist jedoch eine Frage mit fünf Dimensionen.

Die multidimensionale Modellierungstechnik genießt einen zunehmenden Einsatz und ermöglicht eine einfachere Navigation durch die Datenbestände und deren Strukturen.

Die Charakteristik der Unterscheidung von sogenannten Klassifikationsstufen, beschreibenden Attributen und Kenngrößen ist ein wichtiges Merkmal der multidimensionalen Datenmodellierung.[5]

---

[2]Die graphbasierte Modellierung behandelt die sogenannten statistischen Tabellen. Statistische Tabellen sind Tabellen bestehend aus einer Kopfzeile (auch Aufriss genannt) und seitlichen Untergliederungen (auch Seitenriss genannt), bei denen oft über die Zeilen und Spalten Summen gebildet und in der Tabelle abgelegt werden. Bei der graphbasierten Modellierung werden die konzeptionellen Schemata als Graphen beschrieben und dargestellt. Hierbei wird ein gerichteter Objektgraph konstruiert, der nicht zyklisch ist und die kategorisierenden Daten samt deren Attribute den Benutzern zwecks Navigation durch den Datenbestand zur Verfügung stellt. Die Knoten des Objektgraphen sind entweder vom Typ Cluster-Knoten (C) – diese entsprechen Gruppierungen innerhalb einer Hierarchie von Kategorien – oder vom Typ Kreuzprodukt(X) – diese ermöglichen über eingehende Cluster-Knoten die Mehrdimensionalität. Für weitergehende Informationen wird auf die Literatur hingewiesen.

[3]Es existieren zahlreiche weitere semantische und konzeptionelle Modellierungsansätze und Modellierungsvorschläge im akademischen Umfeld und in der Literatur. Neben diversen Erweiterungen des Entity-Relationship-Verfahrens können auch multidimensionale UML (mUML) erwähnt werden, bei denen die Anwendungsbereiche und Informationsstrukturen formal beschrieben werden. Ein Nachteil dieser Modellierung ist die unzureichende Semantik für multidimensionale Datenmodelle. Für weiterführende Informationen wird auf die Literatur und zahlreiche Publikationen der internationalen Konferenzen bezüglich der Datenmodellierung und des Data Engineering verwiesen.

[4]Vgl. Lehner (2003, S. 64).

[5]Vgl. Bauer und Günzel (2004, S. 163 und S. 177).

Im Rahmen der multidimensionalen Modellierung sind die Begriffe Dimension, Klassifikationsstufe, Klassifikationsschema, Klassifikationshierarchie, Fakten, Kennzahlen, Datenwürfel und Würfelschema essenziell und von großer Bedeutung, daher werden sie im Folgenden näher beschrieben und definiert. Anschließend werden spezielle Methoden, Werkzeuge und Operatoren zur Analyse der multidimensionalen Daten erläutert.

3.1 Dimension

Die Idee der multidimensionalen Datenmodellierung basiert auf einer Anordnung der auszuwertenden und zu analysierenden Kennzahlen in einem multidimensionalen Raum. Der multidimensionale Raum wird durch bestimmte Einflussgrößen, die als Dimensionen bezeichnet werden, aufgebaut.

Im Kontext der multidimensionalen Datenmodellierung sind Dimensionen Datenstrukturen, durch die verschiedene Aspekte der zu analysierenden Daten, wie z. B. Ort, Zeit, Produkt und Kunde, dargestellt werden.

Die feingranulare Unterteilung einer Dimension wird durch Dimensionselemente gebildet. Die Dimension gliedert sich in Stufen, die hierarchisch organisiert und angeordnet werden; diese Hierarchien sind aus der Sicht des Anwenders Bestandteile der Dimension. Die Stufen werden durch Klassifizierung der Dimensionselemente gebildet. Die Elemente einer Stufe fassen Teilmengen der nächstniedrigeren Stufe zusammen. So gesehen bilden die Dimensionselemente die Blätter eines Baumes (basisgranulare Klassifikationsknoten), der vollständig als Klassifikationshierarchie bezeichnet wird. Die Klassifikationshierarchien können durch eine große Zahl von Knoten und Verknüpfungen umfangreich werden. Daher werden Dimensionen über das Schema ihrer Klassifikationshierarchie, das sogenannte Klassifikationsschema, dargestellt und die Klassifikationsknoten durch ihre Klassifikationsstufen repräsentiert.[6]

Die Beziehungen zwischen Klassifikationsstufen einer Klassifikationshierarchie können in relationalen Datenbanksystemen durch den Begriff der funktionalen Abhängigkeit[7] abgebildet werden. Die Klassifikationsstufe beschreibt den Verdichtungsgrad innerhalb einer Hierarchie.

---

[6] Vgl. Bauer und Günzel (2004, S. 103).

[7] Ein Attribut A ist von einem Attribut B funktional abhängig $A \rightarrow B$, wenn jedem Wert a $\in dom(A)$ genau ein $b \in dom(B)$ zugeordnet werden kann.

Dimensionen repräsentieren somit hierarchisch organisierte Datenstrukturen, die sowohl eine Aggregation[8] der Daten als auch das Navigieren durch die Daten anhand entsprechender Operatoren ermöglichen.[9]

Bei der Analyse der Daten im Zuge einer Entscheidungsfindung in einem Unternehmen werden quantitative Größen und betriebswirtschaftliche Kennzahlen wie z. B. Umsätze, Gewinne und Verluste aus unterschiedlichen Perspektiven oder anders ausgedrückt, anhand unterschiedlicher Dimensionen wie etwa Zeit, Region, Produkt etc. betrachtet und ausgewertet. In einem dreidimensionalen Raum kann der Würfel als ein Gebilde zur grafischen Veranschaulichung herangezogen werden, wobei die Kanten des Würfels die Dimensionen darstellen. Beispielsweise können die Verkaufszahlen eines Unternehmens die Dimensionen Produkt, Ort und Zeit beinhalten.[10]

Mit Hilfe der parallelen Koordinatentechnik können – im Fall einer Veranschaulichung von mehr als drei Dimensionen – die Merkmale von multidimensionalen Daten als parallele oder waagerechte Achsen visualisiert werden.

Beispiel: Abb. 3.1 präsentiert eine Visualisierung von multidimensionalen Daten

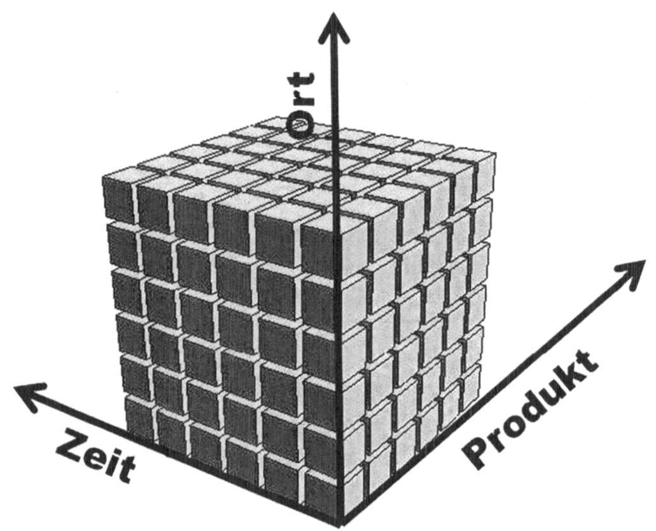

Abb. 3.1 Dreidimensionaler Würfel als multidimensionales Modell

[8]Aggregationen sind Operationen auf Daten, die eine Verdichtung von Daten von einer feineren zu einer gröberen Granularität mittels einer Aggregatfunktion vornehmen. Eine Aggregationsfunktion verdichtet einen Datenbestand bestehend aus n Einzelwerten auf einen einzelnen Wert. Standardaggregationsfunktionen sind SUM(), AVG(), MIN(), MAX() und Count(). Beispielweise bildet die Aggregationsfunktion SUM() die Menge $\{2, 6, 9, 3\}$ auf die Zahl 20 ab.

[9]Vgl. Albrecht (2001, S. 87).

[10]Vgl. Jarke et al. (2000, S. 8).

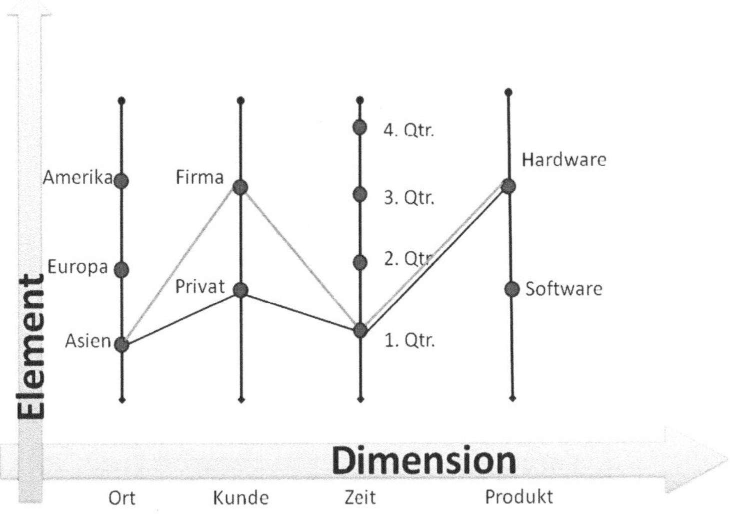

Abb. 3.2 Parallele Koordinatentechnik zur Visualisierung multidimensionaler Datenstrukturen

In Abb. 3.2 sind durch die parallele Koordinatentechnik die multidimensionalen Datenstrukturen zur Visualisierung vorbereitet.

Hierbei ist eine mögliche Kombination von Dimensionselementen für vier Dimensionen veranschaulicht. Dabei werden die verkauften Produkte mit der Unterscheidung der Produktkategorien (Hardware oder Software) und Kunden (Privatkunden oder Firmenkunden) für das erste Quartal in Asien repräsentiert.

Während die Daten eines relationalen Datenbanksystems als Datensätze (Relationen) in zweidimensionalen Tabellen (Matrizen) bestehend aus Zeilen und Spalten gespeichert werden, werden die Daten bei einer multidimensionalen Modellierung über die Dimensionen samt ihrer Hierarchie in einer mehrdimensionalen Zelle gespeichert.

Im Allgemeinen können die Dimensionen einfache, parallele, netzwerkartige oder irreguläre Hierarchiestrukturen[11] aufweisen. In Abb. 3.3 sind die einfachen Hierarchien für die Dimensionen Ort und Produkt dargestellt.

Einzelne Filialen werden in einem Bezirk zusammengefasst und ein oder mehrere Bezirke sind einer Stadt zugeordnet. Die Städte bilden wiederum Regionen und ein Land hat ein oder mehrere Regionen und ist geografisch einem Kontinent zugeordnet.

Analog bilden einzelne Artikel Produktgruppen, die wiederum zu Produktfamilien aggregiert wurden. Die Produktfamilien werden in Produktkategorien zusammengefasst. Produktkategorien sind Unterteilungen des Produktes. Die höheren Ebenen einer Hierarchie enthalten die aggregierten Werte genau einer

[11]Es existieren verschiedene Hierarchiestrukturen und Hierarchietypen für Dimensionen, z. B. balancierte und nicht balancierte Hierarchien.

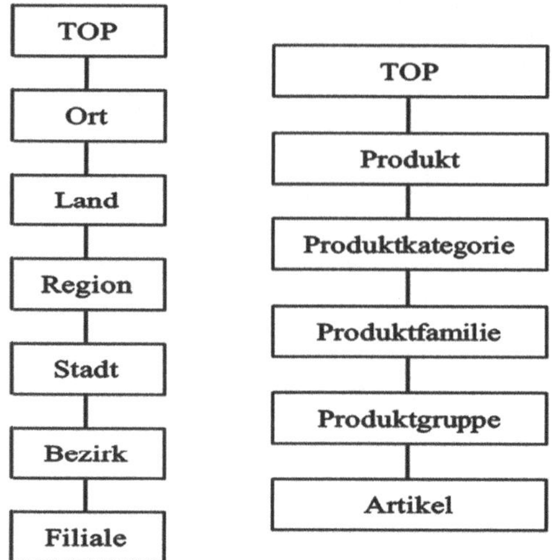

Abb. 3.3 Beispiele für Dimensionen mit einfachen Hierarchien

niedrigeren Hierarchieebene. Auf höchster Ebene einer Hierarchie, nämlich durch den Knoten-Top, wird eine Dimension auf einen einzelnen Wert der Dimension verdichtet.

Parallele Hierarchien drücken die unterschiedlichen und unabhängigen Möglichkeiten zu Gruppierungen innerhalb einer Dimension aus. Hierbei besteht keine hierarchische Beziehung zwischen parallelen Zweigen. Parallelhierarchien beschreiben u.a. Pfade innerhalb eines Klassifikationsschemas. In Abb. 3.4 wird die Dimension Zeit dargestellt. Das Dimensionselement Tag kann entweder von Jahr über Halbjahr, Quartal und Monat oder von Jahr über Woche oder von Jahr über Quartal und Monat erreicht werden. Die parallelen Hierarchien ermöglichen eine

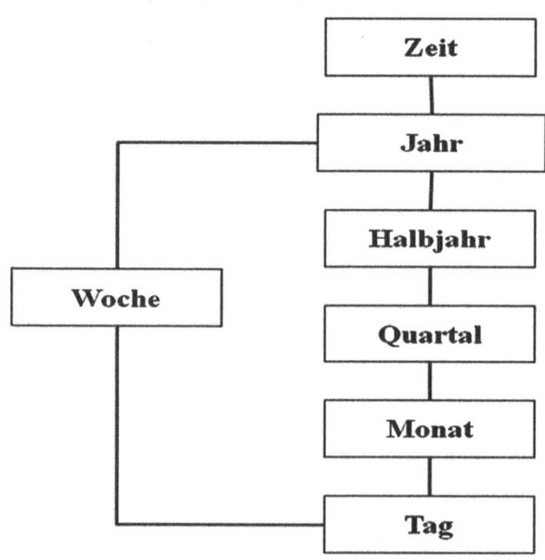

Abb. 3.4 Beispiel für eine Dimension mit parallelen Hierarchien

Navigation durch die Hierarchie einer Dimension auf unterschiedlichen Wegen (Pfade). Dadurch kann die Flexibilität, Präzision und Vollständigkeit einer Auswertung bzw. einer Analyse der Datenbestände gesteigert werden.

Die Elemente einer Dimension (Knoten der Klassifikationshierarchie), beispielsweise die der Dimension Zeit, sind endlich und werden untergliedert und klassifiziert bzw. durch Klassifikationsstufen wie Tag, Woche, Monat, Quartal und Jahr hierarchisch strukturiert.

3.1.1 Klassifikationsschema einer Dimension

Das Klassifikationsschema einer Dimension ist eine halb geordnete Menge von Klassifikationsstufen $(\{D.K_0, D.K_1, \ldots, D.K_m\}, \rightarrow)$, wobei $\rightarrow$ die funktionale Abhängigkeit darstellt und $D.K_0$ das kleinste Element bezogen auf $\rightarrow$ sind, sodass $D.K_0$ das einzige Element ist, das alle andere Klassifikationsstufen bestimmt und somit die feinste Granularität einer Dimension darlegt, d. h. $\nexists\ D.K_i (i \neq 0)$ *mit* $D.K_i \rightarrow D.K_0$. Eine vollgeordnete Teilmenge von Klassifikationsstufen eines Klassifikationsschemas wird als Pfad bezeichnet.[12]

Beispiel: Das Klassifikationsschema der Dimension Zeit hat hierarchisch angeordnete Mengen von Klassifikationsstufen {Tag, Woche, Monat, Quartal, Halbjahr, Jahr}.
Dabei gilt:

$$Zeit.Tag \rightarrow Zeit.Woche,$$
$$Zeit.Tag \rightarrow Zeit.Monat \rightarrow Zeit.Quartal \rightarrow Zeit.Halbjahr \rightarrow Zeit.Jahr,$$
$$Zeit.Tag \rightarrow Zeit.Woche \rightarrow Zeit.Jahr$$

Die Ausprägungen der Klassifikationsstufe mit der feinsten Granularität ($D.K_0$) sind die Dimensionselemente, d. h., bei der Dimension Zeit sind die Dimensionselemente die Tage. Die Dimensionselemente sowie die Ausprägungen höherer Klassifikationsstufen, die Klassifikationsknoten, werden als Instanz einer Dimension bezeichnet. Durch die funktionale Abhängigkeit stehen die Klassifikationsknoten einer Dimension untereinander in einer hierarchischen Beziehung.[13]

3.1.2 Klassifikationshierarchie

Sei $D.K_0 \rightarrow D.K_1 \rightarrow, \ldots, \rightarrow D.K_m$ ein Pfad im Klassifikationsschema einer Dimension D. Eine Klassifikationshierarchie bezüglich des Pfades ist ein balancierter Baum, dessen Knotenmenge K aus den Wertebereichen der Klassifikationsstufen erweitert um den Wurzelknoten ALL besteht und dessen Kanten verträglich zu den funktionalen Abhängigkeiten sind.

[12] Vgl. Bauer und Günzel (2004, S. 177–179).

[13] Vgl. Bauer und Günzel (2004, S. 178).

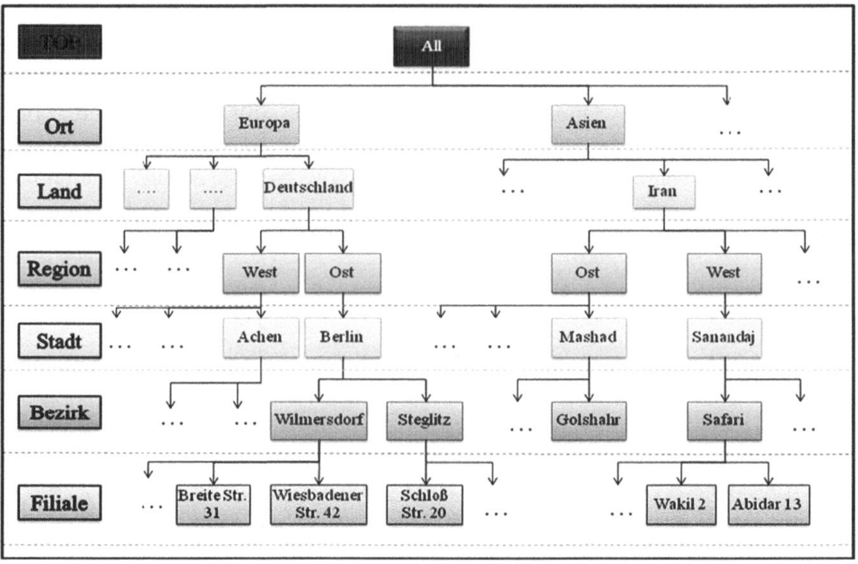

Abb. 3.5 Ausschnitt der Ausprägungen der Dimension Ort

Abbildung 3.5 zeigt einen Ausschnitt aus der Klassifikationshierarchie der Dimension Ort.

In Abb. 3.6 ist ein dreidimensionaler Datenwürfel samt den zugehörigen Klassifikationsschemata und Klassifikationshierarchien exemplarisch illustriert.

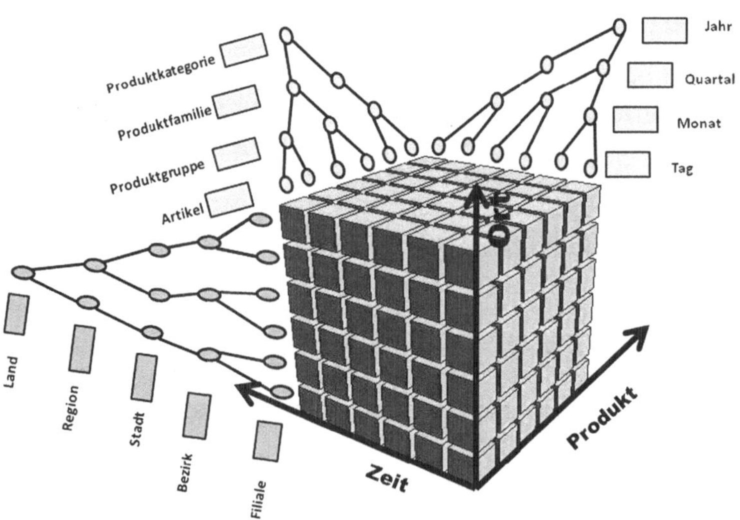

Abb. 3.6 Dreidimensionaler Würfel mit Klassifikationsschemata und -hierarchien

3.2 Fakten

Während die Dimensionen bzw. die Dimensionshierarchien die qualifizierenden Anteile eines multidimensionalen Datenmodells repräsentieren, wird dessen quantifizierender Anteil durch Fakten und Kennzahlen dargestellt. Der quantifizierende Anteil des multidimensionalen Modells ist Gegenstand der Analyse und der Auswertung und besteht aus den Zellen oder genauer gesagt aus den Inhalten der Zellen eines Würfels, dessen Kanten die Dimensionen sind.

Kennzahlen sind – zum Teil verdichtete – numerische Messgrößen, die betriebswirtschaftliche Sachverhalte darstellen wie etwa Gewinn, Umsatz, Verlust, Eigen- und Fremdkapital. Kennzahlen können durch Anwendung der arithmetischen Operationen $(+, -, *, /, mod)$ entstehen oder aber auch aus den anderen Fakten und Kennzahlen abgeleitet bzw. konstruiert werden.[14]

Definition Ein Fakt F eines multidimensionalen Datenschemas wird durch das Tupel $F = (G, SumTyp)$ spezifiziert, wobei *SumTyp* ein Summationstyp und G die Granularität ist.[15]

Die Granularität $G = \{G_1, G_2, \ldots, G_n\}$ ist eine Teilmenge aller Klassifikationsstufen sämtlicher im multidimensionalen Modell enthaltenen Dimensionen, die das entsprechende Aggregationsniveau eindeutig beschreibt. Hierbei bestehen zwischen den entsprechenden Klassifikationsstufen keine funktionalen Abhängigkeiten. Es gibt keine $D_i.K_i, D_j.K_j$ mit $D_i.K_i \rightarrow D_j.K_j (i \neq j)$.[16] Die Granularität eines aggregierten Würfels könnte z. B. auf dem Niveau (*Zeit.Quartal, Ort.Stadt, Produkt.Produktkategorie*) liegen. Die Granularität beschreibt die Stufe des Verdichtungsgrades der Daten in einem Würfel; dabei haben Detaildaten den niedrigsten Verdichtungsgrad und zusammengefasste Daten einen höheren Verdichtungsgrad.

3.3 Kennzahlen

Eine Kennzahl M wird durch folgende drei Komponenten definiert:

1. eine Granularität G,
2. eine Berechnungsformel $f(\,)$ über eine nicht leere Teilmenge aller im multidimensionalen Schema vorhandenen Fakten und
3. ein Summationstyp

Das heißt,

$$\begin{aligned} M &= (G, f(F_1, F_2, \ldots, F_k), SumTyp) \\ &= ((G_1, G_2, \ldots, G_n), f(F_1, F_2, \ldots, F_k), SumTyp). \end{aligned}$$

[14] Vgl. Saake et al. (2008, S. 628f).

[15] Vgl. Lehner (2003, S. 67).

[16] Vgl. Bauer und Günzel (2004, S. 179f).

Die Berechnungsformel *f*( ) wird durch arithmetische Operationen $(+, -, *, /, mod, etc.)$ und Aggregatfunktionen beispielsweise *Sum*( ), *Avg*( ), *Max*( ), *Min*( ), *Count*( ), *Variance*( ), *Covariance*( ) sowie durch ordnungsbasierte Funktionen wie z. B. Kumulation gebildet.[17]

Nicht für alle Kennzahlen und Fakten können Aggregationen gebildet werden. Die Bildung einer Aggregation setzt die Summierbarkeit voraus. Die Summierbarkeit bezeichnet die inhaltliche Korrektheit der Anwendung einer Aggregationsfunktion auf einen Würfel.[18] Eine korrekte Summierbarkeit ist gegeben, wenn die drei Eigenschaften der Disjunktheit, Vollständigkeit und Typverträglichkeit erfüllt sind.[19]

Disjunktheit bedeutet, dass ein konkreter Wert einer Kennzahl exakt einmal in die Berechnung eines Ergebnisses eingeht.

Vollständigkeit besagt, dass Kennzahlen auf höherer Aggregationsebene aus Werten tieferer Aggregationsstufen berechnet werden können.

Die Typverträglichkeit von Aggregatoperationen und Kenngrößen besagt, dass die Kenngrößen, die ein Ereignis beschreiben, wie z. B. Verkäufe und Umsätze, in allen Dimensionen aggregiert werden können. Im Gegensatz dazu dürfen Kenngrößen, die einen Zustand zu einem bestimmten Zeitpunkt repräsentieren, nicht bezüglich der Zeitdimension summiert werden.[20] Beispielweise der Kontostand am Monatsende ist eben nicht die Summe der Kontostände der vergangenen Tage, sondern der Kontostand vom letzten Tag.

Wird einer Kennzahl oder einem Fakt ein Summationstyp zugewiesen, so kann über diese Kennzahl oder den Fakt aggregiert werden. Es können folgende drei Summationstypen identifiziert und angegeben werden:

- Flow
  Diese Angabe besagt, dass alle Fakten und Kennzahlen beliebig aggregiert werden können, wie z. B. der Tagesumsatz.
- Stock
  Die Angabe vom Stock charakterisiert einen zeitlich anhaltenden Bestand und besagt, dass alle Fakten und Kennzahlen aggregiert werden können mit Ausnahme der temporalen Dimension. Das heißt, es existieren ein zeitliches Limit und eine temporäre Beschränkung. Beispielsweise ist eine zeitliche Summation über die Kennzahl Lagerbestände nicht erlaubt.
- Value-Per-Unit (VPU)
  Diese Angabe besagt, dass Fakten und Kennzahlen nicht summiert bzw. aggregiert werden können. Hierbei sind nur die Operationen *Avg(), Max(), Min()*zur Verdichtung erlaubt.

---

[17] Vgl. Lehner (2003, S. 68).

[18] Vgl. Bauer und Günzel (2004, S. 184).

[19] Vgl. Lehner (2003, S. 70–72).

[20] Vgl. Bauer und Günzel (2004, S. 185).

3.4 Datenwürfel

Ein Datenwürfel ist eine mehrdimensionale Darstellung von Kennzahlen.[21] Ein Würfel besteht aus Datenzellen, die eine oder mehrere Kennzahlen beinhalten.[22]

Der (Daten) Würfel wird durch Kombination der Dimensionen, die den Würfel aufspannen – Achsen des Würfels – konstruiert, und er besteht in diesem Sinne aus (Daten) Zellen. Diese (Daten) Zellen sind die Schnittpunkte der Dimensionen (z. B. Produkt, Ort, Zeit) und beinhalten eine oder mehrere Kenngrößen auf Detailebene (Rohdaten), beispielsweise einzelne Umsatzdaten eines Produkts pro Filiale an einem bestimmten Tag. Ein Würfel ist die Ausprägung eines Würfelschemas. Würfel können aggregiert werden und das Ergebnis ist wiederum ein Würfel. Die Granularität der Daten ist die Menge der Klassifikationsstufen, die ein Aggregationsniveau eindeutig identifiziert.

Würfelschema
Ein Würfelschema $W(G,M)$ besteht aus einer Granularität G und einer Menge Kennzahlen $M = \{m_1, m_2, \ldots, m_n\}$, die in der Regel numerische Werte haben.

Würfel
Ein Würfel ist eine Menge von Würfelzellen, d. h. $W \subseteq dom(G) \times dom(M)$. Die Koordinaten einer Zelle $z \in W$ sind die Klassifikationsknoten aus $dom(G)$, die zu dieser Zelle gehören.[23]

Die Instanzen eines Würfels werden durch Kreuzprodukte der Wertebereiche aller im Würfelschema vorhandenen Attribute definiert.[24]

Leere Würfelzellen
Es kommt in der Praxis häufig vor, dass nicht alle Zellen eines Würfels einen Wert bzw. einen Inhalt aufweisen. Die Ursachen hierfür können unterschiedlich sein und sind öfters operativer Natur. Dieses ist besonders dann der Fall, wenn während des Ladens der Daten Fehler aufgetreten sind und der Würfel nicht vollständig geladen und aufgebaut werden konnte, was zu falschen Ergebnissen führen würde, oder wenn ein bestimmtes Ereignis entweder nicht möglich, nicht bekannt oder nicht eintreten kann. Beispielsweise eine Anfrage über den Umsatz bezüglich eines bestimmten Produkts im Jahr 2008 an einer Filiale, die erst 2009 eröffnet wurde, bezeichnet ein Ereignis, das nicht eintreten kann, und deswegen auch zu keinem Ergebnis führen wird. Dieser Wert kommt also operativ gar nicht vor. Der gleiche fehlende Wert liefert jedoch die Information, dass z. B. keine Verkäufe für dieses bestimmte Produkt im Jahr 2008 stattgefunden hatten. Diese entspricht einem numerischen Wert 0. Somit ist aus logischer Sicht der Würfel voll besetzt und die Berechnungen finden mit allen Zellen statt.[25] Es müssen klare Vorgaben existieren, wie die leeren Zellen

---

[21] Vgl. Saake et al. (2008, S. 670).

[22] Vgl. Bauer und Günzel (2004, S. 179).

[23] Vgl. Bauer und Günzel (2004, S. 180).

[24] Vgl. Lehner (2003, S. 69).

[25] Vgl. Bauer und Günzel (2004, S. 177–185).

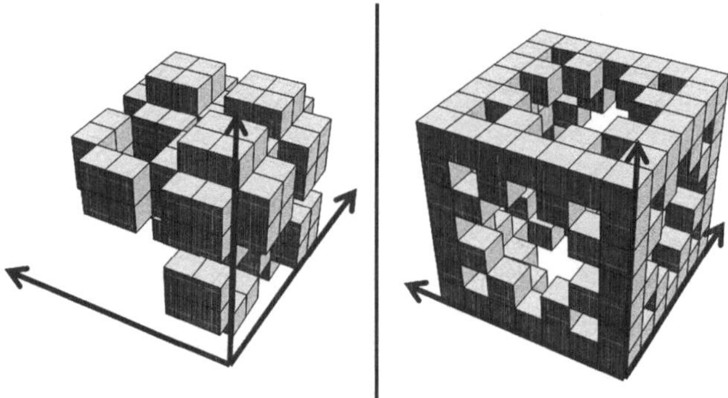

Abb. 3.7 Exemplarische Veranschaulichung der leeren Zellen von zwei Datenwürfeln (*Missing Data*)

bzw. fehlende Werte eines Würfels zu behandeln und zu verarbeiten sind. Nicht existierende Werte auf der Ebene der Modellierung können entweder durch NULL-Werte oder durch numerische Nullen (0) realisiert werden. In Abb. 3.7 sind leere Zellen innerhalb eines Würfels illustriert. Im Allgemeinen können zur Behandlung der leeren Würfelzellen (*Missinig Data*) auf eine der folgenden Ereignisse zurückgeführt werden: nicht mögliches, nicht bekanntes oder nicht eingetretenes Ereignis.

Kapitel 4
Grundlagen von OLAP

OLAP steht für *On-Line Analytical Processing* und stellt den Prozess der explorativen, interaktiven Analyse der archivierten und gespeicherten Daten in einem Data Warehouse auf Basis eines multidimensionalen Datenmodells dar.[1] Hierbei handelt es sich vor allem um die Unterstützung von Anfragen (*Query*) zu Analysezwecken oder um die Aufbereitung von Geschäftsdaten für Manager und Entscheidungsträger in einem Unternehmen.

Um rechenintensive und komplexe Analysen der Daten in einem Data Warehouse effektiv zu unterstützen, werden die sogenannten OLAP-Tools eingesetzt, die den folgenden Anforderungen genügen müssen[2]:

1. Darstellung der Daten in aggregierter oder summierter Form soll möglich sein. Beispielsweise sollen solche Daten wie die Summe des Umsatzes eines bestimmten Produkts in einem Monat in einer bestimmten Filiale der Stadt XY korrekt dargestellt werden können.
2. Der Aggregationsgrad soll variiert werden können, damit auch unterschiedliche Aggregationen miteinander verglichen werden können.
3. Die Unterstützung der mehrdimensionalen Sicht auf Daten soll gewährleistet sein. Beispielsweise sollen Daten wie etwa die Gesamtverkaufszahl pro Produkt, pro Region und pro Jahr zur Verfügung gestellt werden können.
4. Eine effiziente, interaktive Analyse der Daten soll möglich sein, d. h., auch bei komplexen Anfragen sollen die Antwortzeiten nur wenige Sekunden dauern.
5. Die zu analysierenden Daten können sehr umfangreich sein. Die OLAP-Tools sollen die Analyse größerer Datenmengen und Datenbestände im Bereich von Giga- und Terabytes unterstützen.

E. F. Codd (1923–2003), der Begründer des relationalen Ansatzes, formulierte im Jahr 1993 zunächst zwölf Regeln für diesen Verarbeitungstypus, die festlegen, wie sich entsprechende Produkte zu verhalten haben. Diese Regeln wurden dann von

[1] Vgl. Saake und Sattler (2006, S. 2/27).

[2] Vgl. Elmasri und Navathe (2002, S. 682–693).

K. Farkisch, *Data-Warehouse-Systeme kompakt*, Xpert.press,
DOI 10.1007/978-3-642-21533-9_4, © Springer-Verlag Berlin Heidelberg 2011

ihm selbst im Jahr 1995 restrukturiert und um weitere sechs Regeln erweitert, die insgesamt in vier Gruppen – von ihm als Features bezeichnet – unterteilt werden[3]:

1. *Basic Features*

   F1. Die mehrdimensionalen konzeptionellen Sichten: Ein OLAP-Modell sollte sich, der Sicht eines Analytikers entsprechend, in mehrdimensionalen Strukturen oder Modellen abbilden lassen.

   F2. Die intuitive Datenbearbeitung: Geeignete Mechanismen sollen dem Anwender die Navigation in der Modellhierarchie ermöglichen. Diese Navigation soll direkt aus den Zellen des Analysemodells steuerbar sein und keine Menüauswahl oder eine lange Suche in der Benutzerschnittstelle erforderlich machen.

   F3. Die Zugriffsmöglichkeiten: Ein OLAP-System muss in der Lage sein, Daten aus unterschiedlichen Vorsystemen in eigene Modellstrukturen zu überführen und zu integrieren.

   F4. *Batch Extraction*
   Die OLAP-Tools sollen effektive Mechanismen unterstützen, die sowohl im Batch-Verfahren als auch Online den Zugriff auf die relevanten Daten der externen Quellsysteme ermöglichen, um diese zu extrahieren.

   F5. OLAP-Analyse-Modell: Ein OLAP-System muss unterschiedliche Analysemodelle[4] und parametrisierte statistische Reporterstellungen ermöglichen. Es sollen OLAP-Operationen wie Slicing, Dicing und Drill-down und „Was wäre, wenn...?"-Fragen unterstützt werden.

   F6. Die Client-/Server-Architektur: Ein OLAP-Server muss unterschiedliche Clients mit minimalem Aufwand integrieren können.

   F7. Die Transparenz: Kein Anwender sollte mit der seinem Analysewerkzeug zugrundeliegenden Technologie behelligt werden, damit seine Produktivität nicht leidet.

   F8. Die Mehrbenutzerunterstützung: Ein konkurrierender Zugriff und die Integrität der Basisdatenbank müssen gewährleistet sein.

2. *Special Features*

   F9. Behandlung von nicht normalisierten Daten
   Die Änderungen der Daten eines Data-Warehouse-Systems hat keine Auswirkungen auf die Daten der Quellsysteme.

---

[3] Vgl. www.olapreport.com/fasmi.htm

[4] E.F.Codd beschreibt vier Analysemodelle: Categorical, Exegetical, Contemplative and Formulaic. Das *Categorical Model* stellt aktuellen Daten historischen Daten gegenüber. Dieses Vorgehen wird benutzt, um den Ist-Zustand zu beschreiben. Die Ursachen und Gründe, die diesen Ist-Zustand herbeigeführt haben, werden anhand des *Exegetical* (Daten) *Models* durch Anfragen etappenweise nachvollzogen. Das *Contemplative Model* simuliert Ergebnisse für vorgegebene Werte oder Abweichungen einer oder mehrerer Dimensionen. Das *Formulaic* (Daten) *Model* berechnet für gegebene Anfangs- und Endzustände, welche Kenngrößen welcher Dimensionen sich wie verändern. Mit anderen Worten kann man durch das *Formalic* (Daten) *Model* feststellen, welche Kenngröße aus welcher Dimension sich wie verändern müsste, um den gewünschten Zielzustand zu erreichen.

F10. Speichern der OLAP-Resultate getrennt von Eingabedaten
Im Gegensatz zu Daten in einem produktiven DBMS eines Data-Warehouse-Systems sollen Datenbestände und Resultate vom OLAP-Tool modifiziert werden können. Aus diesem Grund müssen die OLAP-Resultate getrennt und nicht im DBMS vom Data-Warehouse-System gespeichert werden.

F11 Extraktion von Nullwerten
Das OLAP-Tool soll zwischen den leeren Feldern und dem numerischen Inhalt ‚null' bzw. dem alphanumerischen Wert ‚Leerzeichen' unterscheiden können.

F12. Behandlung von Nullwerten
Die leeren Felder sollen vom OLAP-Tool effizient verwaltet werden.

3. *Reporting Features*

F13. Die flexible Berichterstellung: Der Analytiker soll seine Ergebnisdaten völlig frei anordnen können – idealerweise entsprechen sie dann den realen Bedingungen im Unternehmen.

F14. Die konsistente Berichtsgenerierung: Weder die zunehmende Datenbankgröße noch die wachsende Zahl von Dimensionen oder Benutzern dürfen zum Leistungsabfall bei der Berichtsgenerierung und Reporterstellung führen.

F15. Automatische Anpassung auf physischer Ebene: Ein OLAP-System sollte sein physisches Schema automatisch anpassen, um unterschiedliche Datenmodelle, Datenmengen und Datentypen zu integrieren.

4. *Control Dimension*

F16. Die gleichgestellten Dimensionen: Es sollte nur eine logische Struktur für alle Dimensionen geben. Wird eine Dimension um zusätzliche Funktionen erweitert, müssen diese auch für die anderen Dimensionen zur Verfügung stehen.

F17. Die unbegrenzten Dimensions- und Aggregationsebenen: Werkzeuge sollten in der Lage sein, zwischen 15 und 20 Dimensionen zu unterstützen. Viele Unternehmensmodelle kommen bereits mit sechs bis zwölf Dimensionen aus. Innerhalb der Dimensionen müssen beliebig viele Aggregationsebenen möglich sein.

F18. Die unbeschränkten kreuzdimensionalen Operationen: Berechnungen und andere Aktivitäten zwischen und über Dimensionen dürfen nicht den Eingriff des Anwenders erfordern, das muss das OLAP-Tool automatisch leisten.

Die OLAP-Verarbeitung muss nicht ausschließlich auf vorhandene Daten setzen. Vielmehr ermöglicht diese Technologie eine Vielzahl von spekulativen Szenarien mit Fragestellungen wie „Was wäre, wenn...?" oder „Warum?", Plausibilitätsprüfungen und Validierung von Hypothesen die auf ein bestimmtes Datum oder einen

Zeitbereich und bestimmte Perspektiven angewandt werden. Innerhalb eines Szenarios lassen sich die Parameter auch ändern. So erhält man Varianten beispielsweise für Wirtschaftlichkeitsberechnungen.

OLAP verbindet die flexiblen Funktionen zur Datenanalyse, die ein Spreadsheet bietet, mit der Zuverlässigkeit und den Möglichkeiten zur Datenspeicherung eines relationalen Datenbank Management Systems (RDBMS). Es handelt sich dabei nicht um den Versuch, die relationale Technologie zu ersetzen. OLAP kann als eine sinnvolle Ergänzung der relationalen Datenbank Systeme gesehen werden.

OLAP-Anwendungen führen in der Regel sehr komplexe Anfragen aus, die eine oder mehrere Aggregationsstufen verwenden und teilweise mehrfache *JOINs* beinhalten. Diese komplexen Anfragen, die auch entscheidungsunterstützende Anfragen[5] genannt werden, bearbeiten meistens sehr große und umfangreiche Datenbestände, analysieren und werten diese möglichst effizient aus.

Nigel Pendse und Richard F. Creeth, Autoren des OLAP-Reports,[6] haben eine leichter verständliche Definition der Eigenschaften eines OLAP-Tools geliefert, die lediglich aus fünf Schlüsselwörtern besteht: *Fast Analysis of Shared Multidimensional Information* – kurz FASMI.

Fast bedeutet hier, dass die weitaus meisten Anfragen innerhalb von fünf Sekunden beantwortet sein müssen.

Analysis meint, dass das System mit jeder Art von Geschäftslogik und statistischer Analyse umgehen kann. Die Minimalanforderung ist, dass der Benutzer in die Lage versetzt wird, ohne zusätzliche Programmierung neue Ad-hoc-Kalkulationen durchführen zu können.

Shared stellt sicher, dass das System sämtliche Sicherheitsfunktionen besitzt, die auch ein RDBMS bietet. Hierzu zählen beispielsweise Schutzmechanismen bis auf Zellebene und für den konkurrierenden Zugriff geeignete Sperren.

Multidimensional muss jede Software sein, die OLAP-Fähigkeiten für sich reklamiert. Das bedeutet, sie sollte die Formulierung komplexer Anfragen mit mehreren Dimensionen unterstützen.

Information ist das, was selbstverständlich zum Schluss herauskommen muss.

Spätestens bei der Implementierung eines multidimensionalen Datenmodells muss geklärt sein, wie die multidimensionale Sicht der Anwendung mit der Verwaltung der Daten in Einklang gebracht werden kann bzw. wie diese Daten gespeichert werden sollen und wie die Anfragen über diese Daten zu formulieren sind und welche Eigenschaften diese Anfragen aufweisen.

Die Speicherung, das interne Management und die Verwaltung der multidimensionalen Daten in rechnergestützten Systemen erfordern, dass entweder diese Daten in relationale Strukturen (Tabellen) umgesetzt werden oder dass die Daten direkt

---

[5]Garcia-Molina et al. (2009, S. 464–469).

[6]Vgl. www.olapreport.com/fasmi.htm

in multidimensionale Strukturen und Arrays überführt und genauso auch abgebildet und im System hinterlegt werden.

4.1 ROLAP

OLAP-Tools, die die multidimensionale Sicht des Anwenders bei der Modellierung durch interne Verwaltung und Speicherung der Daten in relationale Strukturen bzw. Tabellen umsetzen oder, anders gesagt, auf die relationale Datenhaltung aufbauen, werden relationales OLAP oder ROLAP genannt. Hierbei setzt der ROLAP-Engine die multidimensionale Benutzersicht auf die relationale Datenhaltung innerhalb eines RDBMS um.

ROLAP-Systeme basieren auf RDBMS. Die Vorteile von RDBMS liegen auf der Hand:

- Massendatenhaltung
- Parallelverarbeitung
- Sicherheit
- Skalierbarkeit
- Backup
- Recovery
- Einfache Pflege der Relationen (beispielsweise Laden der Daten)

Die relationale Speicherung ermöglicht eine effiziente Umsetzung und Verarbeitung multidimensionaler Anfragen.

Es gibt verschiedene Möglichkeiten, multidimensionale Daten zu speichern. Einige OLAP-Produkte sind spezialisierte Datenbanken. Andere greifen wie bereits erwähnt auf relationale Tabellen zu und bilden die Dimensionen eines multidimensionalen Datenschemas in einem relationalen Modell ab.

4.1.1 Star-Schema und Snowflake-Schema

Um multidimensionale Datenmodelle und Datenstrukturen ohne semantischen Informationsverlust in relationalen Strukturen und relationalen Tabellen innerhalb eines RDBMS zu speichern und zu verwalten, werden diese Datenmodelle in denormalisierter Form (in zweiter Normalform, aber nicht in dritter Normalform) in bis zu 2^d-Tabellen im sogenannten Star-Schema abgelegt bzw. abgebildet, wobei ‚d' die Anzahl der Dimensionen ist.

Das Star-Schema hat zwei Tabellentypen: die Dimensionstabelle und die Faktentabelle. Der Begriff Star-Schema ergibt sich aus der grafisch sternförmigen Anordnung aller Dimensionstabellen um eine oder mehrere Faktentabellen.

Hierbei wird ein multidimensionales Datenschema mit n Dimensionen durch $n + 1$-Relationen $D_1, D_2, \ldots, D_n, (F_1, F_2, \ldots F_k)$ abgebildet, wobei eine Relation

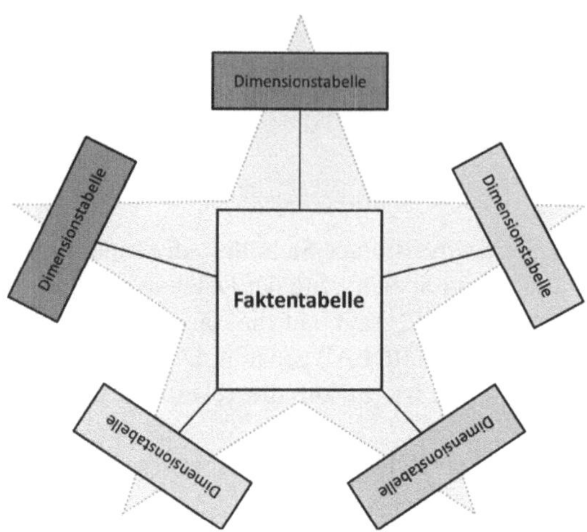

Abb. 4.1 Allgemeines Star-Schema (hier eine Faktentabelle mit fünf Dimensionstabellen)

Di eine korrespondierende Dimension $D_i(1 \leq i \leq n)$ darstellt. Eine Relation Fi (Faktentabelle) beinhaltet die Fakten des multidimensionalen Datenschemas, die die gleiche Granularität aufweisen.[7]

Ein Star-Schema liegt dann vor, wenn die Attribute eines Mengensystems $(D_1, D_2, \ldots D_n)$ folgende Bedingungen erfüllen[8]:

1. In jeder Attributmenge gibt es genau ein Attribut genannt Primärattribut (PA), das alle anderen Attribute derselben Attributmenge funktional bestimmt, d. h.

$$\forall i(1 \leq i \leq n) : \exists\, PA \in D_i\ \forall A \in D_i\ PA \neq A : PA \rightarrow A$$

2. Attribute unterschiedlicher Attributmengen weisen keine funktionalen Abhängigkeiten auf (Orthogonalität), d. h.

$$\forall i, j\ (1 \leq i \leq n), (1 \leq j \leq n)(i \neq j) : \forall A \in Di \nexists\, B \in Dj : A \rightarrow B \text{ oder } B \rightarrow A$$

Die Fakten der Faktentabelle eines Star-Schemas hängen sozusagen voll funktional von der Menge der Primärschlüssel der Dimensionstabellen ab, es gilt:

$$\forall i(1 \leq i \leq l) : (PA_1, \ldots, PA_n) \rightarrow fi,\ wobei\ f_1, f_2, \ldots, f_l \in \{Faktenattribut\}.$$

Die Primärschlüssel der Dimensionstabellen innerhalb eines Star-Schemas sind als Fremdschlüssel Teile der Komposíten Primärschlüssel der Faktentabelle.

[7]Vgl. Lehner (2003, S. 85–86).

[8]Vgl. Lehner (2003, S. 85–86).

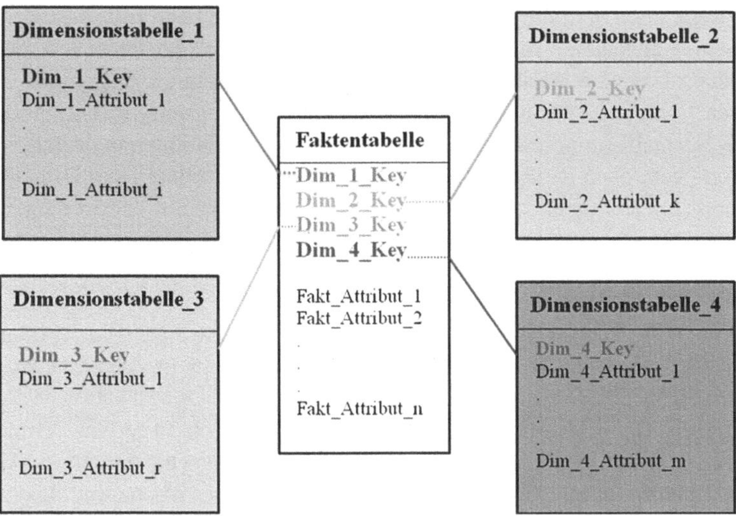

Abb. 4.2 Dimension- und Faktentabellen in einem Star-Schema

Beispiel:

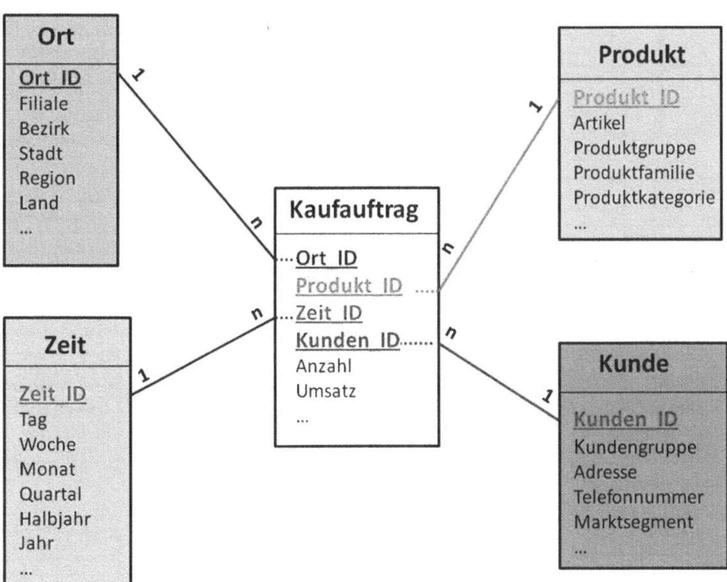

Abb. 4.3 Multidimensionales Star-Schema des Kaufauftrags

Die Relationen bzw. die relationale Darstellung einer Dimensionshierarchie sind bei einem Star-Schema in denormalisierter Form (eine Tabelle pro Dimension) vorhanden, d. h., die Relationen sind wegen der bestehenden transitiven Abhängigkeiten zwischen Attributen einer oder mehrerer Dimensionstabellen nur bis zur zweiten Normalform normalisiert. Sollten jedoch die Relationen in dritter Normalform vorliegen, dann ist die Auslagerung abhängiger Attribute einer Dimension in weiteren kleineren Tabellen – auch Satellitentabellen genannt – notwendig, um die transitiven Abhängigkeiten aufzulösen. Liegt die relationale Umsetzung eines multidimensionalen Modells in dritter Normalform vor, dann spricht man von einem Snowflake-Schema anstatt von einem Star-Schema.

Mit anderen Worten ist ein Snowflake-Schema eine spezielle Variante des Star-Schemas, nämlich, wie in Abb. 4.4 dargestellt, ein in dritter Normalform vorliegendes Star-Schema.

Bei einem Snowflake-Schema wird jede Klassifikationsstufe einer Dimension durch eine eigene Tabelle dargestellt, beispielsweise werden bei der Dimension Zeit die Klassifikationsstufen Jahr, Halbjahr, Quartal, Monat, Woche und Tag jeweils durch eigene Tabellen repräsentiert.

Ein Snowflake-Schema muss durch Fremdschlüsselbeziehungen und die referenzielle Integrität sicherstellen, dass für jeden Eintrag in der Faktentabelle auch entsprechende Einträge in der Dimensionstabelle vorhanden sind.

Zugleich müssen durch den Normalisierungsvorgang entstandene Satellitentabellen einer Dimension bidirektionale Integritätsbedingungen aufweisen, d. h.,

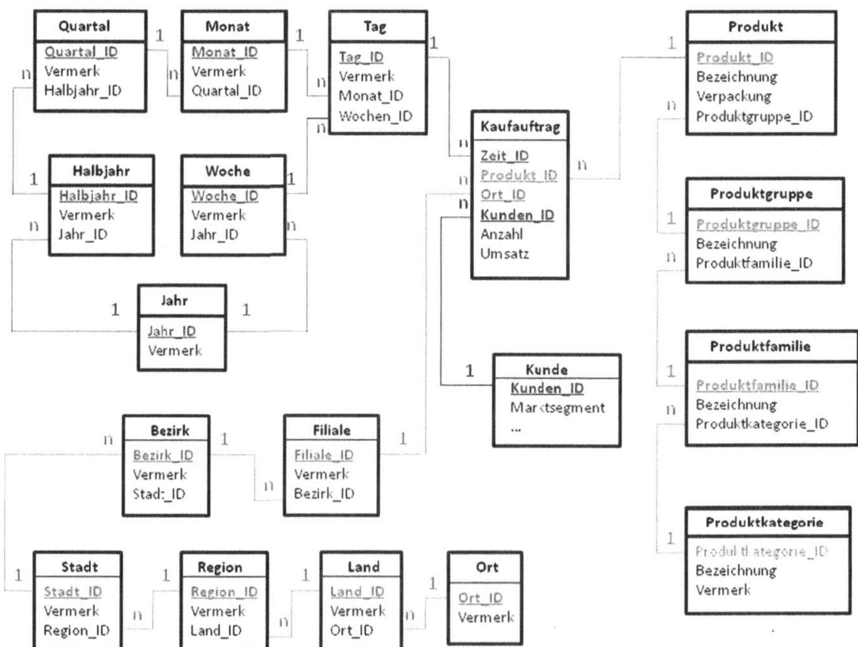

Abb. 4.4 Snowflake-Schema des Kaufauftrags

- zu jedem Fremdschlüssel einer funktional bestimmenden Relation existiert auch ein Primärschlüssel in der funktional abhängigen Relation.
- jeder Wert eines Primärschlüssels in einer Satellitentabelle einer Dimension wird tatsächlich von einem Fremdschlüssel der bestimmenden Relation referenziert.

Somit ist beispielsweise bei der Dimension Zeit sichergestellt, dass zu jedem Tag ein Jahr existiert und dass es andererseits kein Jahr gibt, in dem keine Tage vorkommen.

In Abb. 4.4 ist ein Snowflake-Schema exemplarisch dargestellt, das durch Normalisierungen der Dimensionen Zeit, Produkt und Ort des Star-Schemas aus Abb. 4.3 entstanden ist.

4.1.2 Snowflake-Schema Versus Star-Schema

Die Auswahl der am geeignetsten Schemavariante zum Entwurf der Modellierung auf relationaler Ebene hängt vor allem vom Anwendungsthema ab. Für OLAP- und Data Warehouse Anwendungen werden dennoch Star-Schemata bevorzugt. Folgende Überlegungen untermauern diese Auswahl:

- Die Beantwortung der Anfragen bei einem Star-Schema ist schneller als bei einem Snowflake-Schema, da keine aufwendigen JOIN-Operationen benötigt werden.
- Das Star-Schema weist eine einfache Struktur auf und diese Tatsache ermöglicht einfachere Erstellung und Wartung der Ad-hoc-Anfragen im Gegensatz zum Snowflake-Schema.
- Bei einem Star-Schema ist es leicht möglich, die Dimensionshierarchien, die durch Spalten in der Dimensionstabelle dargestellt sind, zu erstellen und zu modifizieren.

Es sei an dieser Stelle vermerkt, dass einige Autoren die Normalisierung der Dimensionstabellen für falsch halten. Sie begründen es damit, dass durch eine Normalisierung von Dimensionstabellen die Ausformulierung der Anfragen erschwert wird und eventuell die Leistungsfähigkeit reduziert werden könnte. Außerdem halten sie die Nichteinhaltung der Normalformen bei entscheidungsunterstützenden Systemen für nicht so kritisch, weil die Daten sich nur selten verändern würden. Ein durch die redundante Datenhaltung verursachter Mehrbedarf an Speicherkapazitäten wird auch als unkritisch betrachtet, da die Dimensionstabellen im Vergleich zur Faktentabelle, die normalisiert ist, relativ klein sind.[9]

---

[9] Vgl. Kemper und Eickler (2006, S. 498).

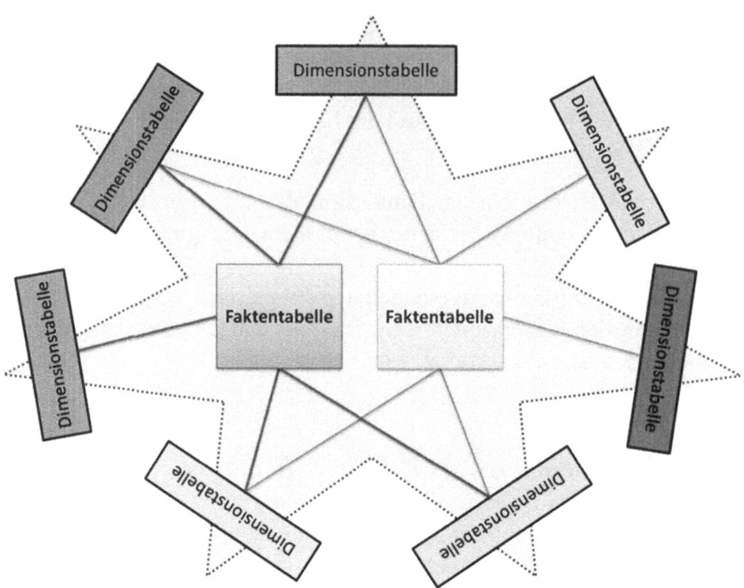

Abb. 4.5 Multifaktentabellen oder Galaxie-Schema

4.1.3 Mischformen

Im Kontext einer Anwendung aus Gründen der Performance und der Effizienz kann es Mischformen des Snowflake- und Star-Schemas auf relationaler Ebene geben, in dem einzelne Dimensionstabellen in dritter Normalform und andere nicht in dritter Normalform gehalten werden. Beispielsweise bei den sich häufig ändernden Dimensionstabellen empfiehlt es sich, diese zu normalisieren, um Pflegeaufwand zu reduzieren. In Abb. 4.4 sind die Dimensionen Ort, Zeit und Produkt in dritter Normalform normalisiert und die Dimension Kunde ist nicht normalisiert.

4.1.4 Galaxie

Hat ein Star- oder Snowflake-Schema oder eine Mischform aus den beiden mehr als eine Faktentabelle, die zum Teil mit den gleichen Dimensionstabellen verknüpft sind, dann spricht man von Multifaktentabellen oder vom Galaxie-Schema.

4.2 MOLAP und multidimensionale Datenbanken

Multidimensionale OLAP überführen ihre Informationen in multidimensionale Strukturen. Meist werden die relevanten Daten aus der relationalen Warehouse Datenbank repliziert und in einem multidimensionalen Datenbank Management

System (MDDBMS) abgelegt. Die auf der konzeptionellen Ebene definierten Modelle werden entsprechend in multidimensionalen Speicherstrukturen abgelegt.

Multidimensionale Datenbanken verwenden multidimensionale Arrays zur Speicherung der multidimensionalen Daten. Dies führt zu einer sehr hohen Verarbeitungsgeschwindigkeit. Heutige MDDBMS sind nicht im selben Maße skalierbar wie relationale DBMS. Wie bereits erwähnt, können die multidimensionalen Modelle und Daten mit entsprechenden multidimensionalen Strukturen nicht auf relationaler Basis, sondern auf direktem Weg in einem MDDBMS gespeichert und verwaltet werden.

Im Kontext eines MDDBMS ist eine Dimension eine geordnete Liste von Dimensionswerten, nämlich die Werte der Dimensionselemente und die der Klassifikationsknoten höherer Klassifikationsstufen. Dimensionswerte umfassen sämtliche Ausprägungen einer Dimension. Die Ordnung der Liste ermöglicht die Adressierung und das Suchen der Dimensionswerte bzw. der Klassifikationsknoten der Dimension. Durch die Ordnung der (geordneten) Liste wird jedem Dimensionswert eine festgelegte ganze Zahl (Ordnungszahl)[10] zugewiesen, anhand derer ein Dimensionswert eindeutig identifiziert werden kann.

Formal lässt sich die Dimension D, sprich die geordnete Liste, mit m Werten als m-Tupel darstellen: $D = (x_1^D, x_2^D, \ldots, x_m^D)$ mit $|D| = m$ als Anzahl der Dimensionswerte.[11]

Ein Würfel im selbigen Kontext wird durch Kombination mehrerer Dimensionen definiert, d. h., eine n-dimensionale Datenstruktur wird auf n Dimensionen eines n-dimensionalen Würfels abgebildet. Die m Dimensionswerte einer bestimmten Dimension teilen den Würfel für diese bestimmte Dimension in m unterschiedliche, parallele Ebenen auf. Der Schnittpunkt von n Ebenen eines n-dimensionalen Würfels, wobei jede Ebene einer der n Dimensionen des Würfels entspricht, identifiziert eine einzelne Zelle des Würfels, in der die Kenngrößen abgelegt werden. Jede Zelle eines Würfels wird eindeutig über n-Tupel von Dimensionswerten identifiziert, wobei das i-te Element eines n-Tupels ein Dimensionswert der Dimension $D_i, (1 \leq i \leq n)$ ist.

Leere Zellen sind die Zellen, für die innerhalb des n-Tupels der Dimensionswerte keine Werte vorhanden sind. Die Anzahl der leeren Zellen charakterisiert das Dichtbesetztsein *(dense)* oder das Dünnbesetztsein (*sparse*) eines Würfels.

[10]Ordnungszahlen sind ganze Zahlen vom Typ INTEGER codiert mit 2 Byte oder 4 Byte und haben Werte zwischen 0 bis 2^{32}.

[11]Vgl. Bauer und Günzel (2004, S. 225–243).

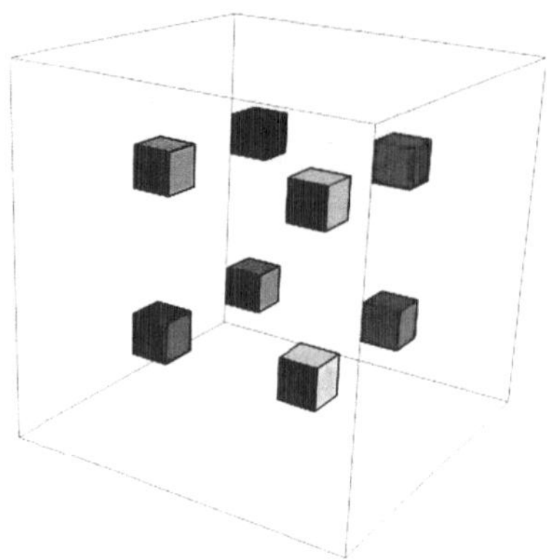

Abb. 4.6 Veranschaulichung dünnbesetzter (Daten) Würfel

Formal lässt sich ein Würfel W als eine geordnete Liste von n Dimensionen und m Kenngrößen mit den dazugehörigen Datentypen wie folgt darstellen:

$$W = \big((D_1, D_2, \ldots, D_n), (M_1 : Typ_1, M_2 : Typ_2, \ldots, M_m : Typ_m)\big).$$

Die Zellen können eine oder mehrere Kenngrößen beinhalten. Die Reihenfolge der Dimensionen eines Würfels spielt bei der Speicherung der Werte in den Zellen und bei der Performance der Anfragenbearbeitung eine große Rolle. Hierbei werden die Zellen eines multidimensionalen Datenwürfels (*Data Cube*) in einem n-dimensionalen Array sequenziell gespeichert. Die Indizes des Arrays sind die Koordinaten der Zellen eines multidimensionalen Würfels. Anhand der Indizes können die Koordinaten der Zelle eindeutig bestimmt und darauf zugegriffen werden.

Die potenzielle Anzahl der Zellen eines multidimensionalen Würfels wächst proportional zur Anzahl der Dimensionen und zu deren jeweiligen Dimensionswerten. Für einen Würfel mit n Dimensionen $D_1, D_2, \ldots, D_n$ gibt es höchstens $\alpha = |D_1| \cdot |D_2| \cdot \ldots \cdot |D_n|$ adressierbare Zellen . Der Index einer Zelle z mit den Koordinaten $(x_1, x_2, \ldots, x_n)$ eines multidimensionalen Würfels W mit

$$W = \big((D_1, D_2, \ldots, D_n), (M_1 : Typ_1, M_2 : Typ_2, \ldots, M_m : Typ_m)\big)$$

wird wie folgt ermittelt[12]:

$$Index(z) = x_1 + (x_2 - 1) \cdot |D_1| + (x_3 - 1) \cdot |D_1| \cdot |D_2| + \cdots + (x_n - 1) \cdot |D_1| \cdot |D_2| \cdot \ldots \cdot |D_{n-1}|$$

$$= 1 + \sum_{i=1}^{n} (x_i - 1) \cdot \prod_{j=1}^{i-1} |D_i|$$

[12]Vgl. Scholl und Mansmann (2008, S. 25 in Teil 8).

	1.Quartal (1)	2.Quartal (2)	3.Quartal (3)	4.Quartal (4)
Sparbuch (1)	1	2	3	4
Dispokredit (2)	5	6	7	8
Privatdarlehen (3)	9	10	11	12
Lebensversicherung (4)	13	14	15	16

Abb. 4.7 Index der Koordinaten

Beispiel (Abb. 4.7):

Sind die Dimension Zeit (D_1) eine geordnete Liste von Werten (1. Quartal, 2. Quartal, 3. Quartal, 4. Quartal) und die Dimension Produkt (D_2) mit einer geordneten Liste von Werten (Sparbuch, Dispokredit, Privatdarlehen, Lebensversicherung), dann lässt sich Indexwert der Zelle z mit den Koordinaten (4. Quartal, Privatdarlehen), die den Ordnungszahlen $x_1 = 4$ und $x_2 = 3$ entsprechen, wie folgt ermitteln:

$$Index(z) = 1 + (x_1 - 1) + (x_2 - 1) \cdot |D_1| = 1 + 3 + (2).4 = 12$$

Zellen in einem multidimensionalen Datenbankmanagementsystem (MDDBMS) zu lokalisieren, ist für den Benutzer und auch für den Rechner leicht. Ihre Positionen sind bekannt, was bei Systemen, die Datensätze über Indizes suchen, nicht der Fall ist. Der Zugriff auf die gespeicherten Daten eines multidimensionalen Würfels braucht die Berechnung der Indizes der Zellen laut des oben vorgestellten Algorithmus.

Diese Art der Datenspeicherung und des Zugriffs auf Daten verschafft den MDDBMS einen Performancevorsprung, wenn es um die Verwaltung von in mehreren Dimensionen verketteten Daten geht. Gegenwärtig spricht jedoch noch einiges gegen diese spezialisierten Datenbanksysteme. Es gibt noch keine festgelegten Zugriffsmethoden oder standardisierten Programmierschnittstellen. Nur mit den Tools des jeweiligen Herstellers lässt sich der Informationspool anzapfen. Steigende Würfelgrößen begrenzen wegen des Dünnbesetztseins die Skalierbarkeit solcher Systeme. Die multidimensionale Speicherung durch Array verursacht einen teilweise erhöhten Aufwand für die Verwaltung der Dimensionskombinationen, beispielsweise:

1. Bei der Berechnung von Aggregationen über Klassifikationshierarchien ist es des Öfteren notwendig, neue Dimensionskombinationen anzulegen und zu berechnen.
2. Änderungen an den Dimensionen (neue Werte kommen hinzu oder werden gelöscht) bewirken eine komplette Restrukturierung und Neuberechnung des Würfels auf physischer Ebene.

Technologisch sind RDBMS wesentlich ausgereifter, dagegen ist die Speicherung großer Datenmengen und ein kontinuierliches Update im Betrieb für MDDBMS immer noch ein Problem, denn die Backup- und Restore-Mechanismen sind nur rudimentär vorhanden. Auf der anderen Seite bemühen sich die Hersteller relationaler Systeme, ihre Produkte mit entsprechenden Funktionen zu erweitern beziehungsweise durch Aufkäufe erworbene Technologien zu integrieren.

4.3 HOLAP

HOLAP (hybrides OLAP) versucht die Vorteile von MOLAP und ROLAP zu kombinieren. Häufig angefragte Daten mit kleinem bis mittlerem Volumen (typischerweise Aggregate auf hohen Hierarchiestufen) werden in der Regel in multidimensionalen Systemen gehalten; umfangreiche, eher selten benötigte Daten dagegen im RDBMS. HOLAP-Systeme bieten eine Optimierung für Leseoperationen und ermöglichen schnelles Laden der benötigten Daten im Hauptspeicher zur Berechnung. Bei der Speicherung der Zellen bieten HOLAP-Systeme unter Berücksichtigung des Füllgrades eines mehrdimensionalen Würfels verschiedene Speicherformate an, da ab einem berechenbaren minimalen Füllgrad eines berechneten Würfels die Speicherung in mehrdimensionalen Arrays effizienter ist als bei der relationalen Speicherung. Grund dafür ist, dass bei relationaler Speicherung die Koordinaten einer Zelle als Schlüssel mitgespeichert werden sollen.[13]

Ein minimaler Füllgrad δ ist maximales δ, sodass gilt:

$$Ix_{rel} + \delta \prod_{i=1}^{n} L_i \cdot \left(s_c + \sum_{j=1}^{n} s_j \right) < Ix_{arr} + \prod_{i=1}^{n} L_i \cdot s_c$$

mit

- L_i die Länge des Sub-Arrays in Dimension t,
- s_c die Speichergröße der Zellen (Speicherbedarf sämtlicher Kenngrößen einer Zelle),
- s_j die Speichergröße der Dimensionsattribute j,
- Ix_{arr} die Speichergröße der Indizierung bei der relationalen Speicherung und
- Ix_{rel} die Speichergröße der Indizierung bei der Array-Speicherung

Beispiel:
Gegeben seien: $Ix_{arr} = Ix_{rel}$ und $s_j = s_c = 10$, für zwei Dimensionen gilt:

$$\delta \prod_{i=1}^{n} L_i \cdot (30) < \prod_{i=1}^{n} L_j \cdot 10$$

---

[13] Vgl. Scholl und Mansmann (2008, S. 40–43 in Teil 8).

Daraus folgt, dass ab einem Füllgrad von 0,33 eine Speicherung in mehrdimensionalen Arrays effizienter als eine relationale Speicherung ist.

Analog stellt man fest, dass für drei Dimensionen ab einem minimalen Füllgrad von 0,25 die Speicherung in mehrdimensionalen Arrays effizienter ist als die relationale Speicherung.

4.4 Client-OLAP

Mit Client-OLAP-Werkzeugen erzeugt der Anwender einen persönlichen, multidimensionalen, vergleichsweise kleinen, proprietären Datenwürfel in einer Client/Server-Umgebung. Meist wird der Würfel im Hauptspeicher des Clients gehalten.

Kapitel 5
Datenanalyse, Navigation anhand multidimensionaler Funktionen und Operatoren

Die grundlegenden multidimensionalen Operationen zum interaktiven Navigieren durch einen multidimensionalen Datenraum zur Datenanalyse und Auswertung der Daten sind:

1. Pivot (Rotate)
   Durch Anwendung dieser Operation auf einen multidimensionalen Datenwürfel wird der Datenwürfel um seine Achsen gedreht, was durch ein Vertauschen der Dimensionen erreicht wird. Pivot – manchmal auch Rotate genannt – ermöglicht es, den Datenbestand aus unterschiedlichen Perspektiven auszuwerten sowie zu analysieren und verschafft dem Anwender mehr Flexibilität bei der Analyse.
2. Slice
   Die Operation Slice ermöglicht die Betrachtung eines Ausschnitts des multidimensionalen Datenwürfels anhand der Klassifikationsstufen einer Dimension. Durch Slice werden sozusagen einzelne Scheiben aus dem Datenwürfel herausgeschnitten und isoliert betrachtet. Dieses wird durch Bildung einer Aggregation über einen Klassifikationsknoten realisiert.

   Durch Slice-Operatoren verringert sich die Dimensionalität eines Datenwürfels.

   Ein Slice-Operator entspricht der relationalen Projektion.

   Beispiel: Alle Umsatzwerte des vergangenen Jahres
3. Drill-down
   Mit der Drill-down-Operation wird ausgehend von aggregierten und verdichteten Daten, also Daten auf höheren Granularitätsebenen, zu den detaillierten Daten, sprich zu den Daten niedrigerer Granularität, entlang der Klassifikationshierarchie navigiert, d. h., die Daten werden verfeinert.

   Beispiel: Bei Umsatzzahldaten kann durch die Dimension Zeit navigiert werden und die Daten können vom Jahresumsatz über Quartals- und Monatsumsatz zu Umsatzzahlen an einem bestimmten Tag verfeinert werden.
4. Rollup
   Eine Rollup-Operation ist eine komplementäre Operation zum Drill-down-Operator. Durch Anwendung des Rollup-Operators bleibt die Dimensionalität eines Datenwürfels erhalten und ändert sich nicht.

K. Farkisch, *Data-Warehouse-Systeme kompakt*, Xpert.press,
DOI 10.1007/978-3-642-21533-9_5,

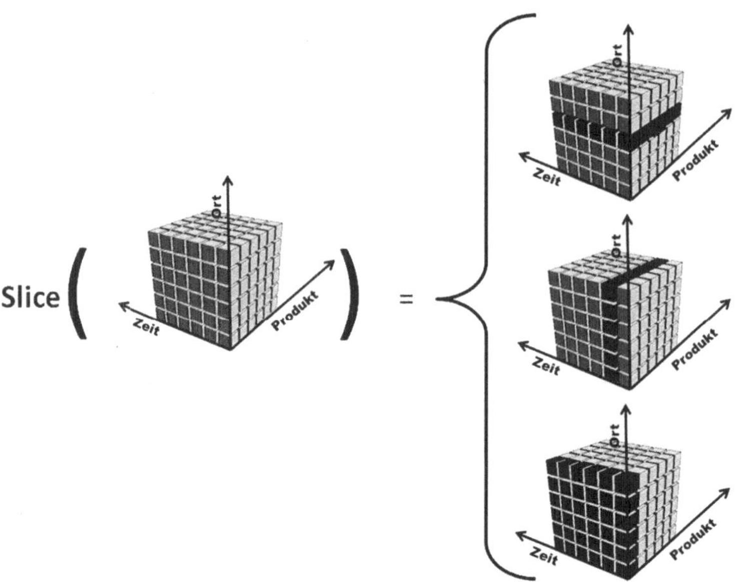

Abb. 5.1 Illustration der Anwendung vom Slice-Operator auf einen Würfel und mögliche Resultate

Durch Rollup-Anwendungen werden neue Informationen generiert, indem die Daten entlang der Dimensionshierarchie bzw. entlang der Klassifikationsstufen der Dimension aggregiert und verdichtet werden.

Beispiel: *Tag* → *Monat* → *Quartal* → *Jahr*: Aus dem Tagesumsatz können Monatsumsatz, Quartalumsatz und schließlich Jahresumsatz generiert bzw. berechnet werden.

5. Split

   Beim Anwenden des Split-Operators auf einen Datenwürfel erhöht sich dessen Dimensionalität dadurch, dass die Kennzahlen des Datenwürfels anhand weiterer dimensionaler Attribute oder Klassifikationsattribute einer Paralleldimension ausgewiesen werden.
6. Merge

   Der Merge ist der inverse Operator zum Split. Durch Anwendung von Merge auf einen Datenwürfel verringert sich dessen Dimensionalität und die Ausweisungsgranularität seiner Kennzahlen reduziert sich.
7. Dice

   Die Operation Dice erzeugt eine individuelle Sicht der Daten durch das Herausschneiden eines Teils des Datenwürfels. Hierdurch wird zwar die Dimensionalität erhalten, jedoch ändern sich die Hierarchieobjekte der Dimensionen.

   Beispiel: Die Werte bestimmter Regionen
8. Drill-across

   Durch die Anwendung des Drill-across-Operators werden Kennzahlen eines Datenwürfels anhand anderer Dimensionen oder Klassifikationshierarchien eines

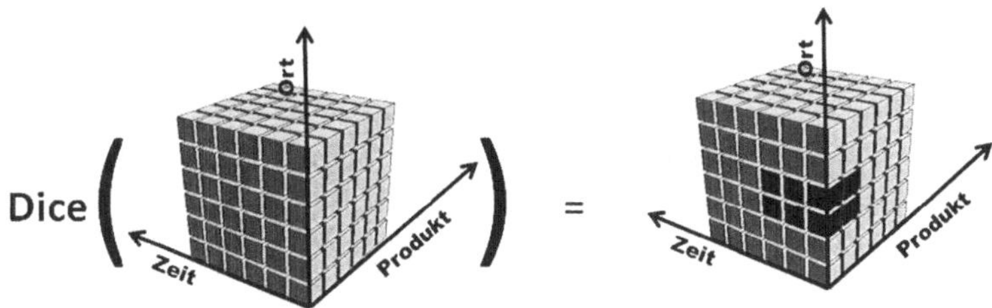

Abb. 5.2 Illustration der Anwendung des Dice-Operators auf einen Würfel und ein mögliches Resultat

anderen Datenwürfels betrachtet. Mit Drill-across wird von einem Datenwürfel zu einem anderen gewechselt. Der Drill-across-Operator führt Anfragen über mehr als eine Faktentabelle durch.[1]

5.1 Anfrage und Zugriff auf multidimensionale Strukturen und SQL-Operatoren

Die Standardsprache zur Implementierung eines multidimensionalen Modells innerhalb RDBMS und die Umsetzung des entsprechenden Star- oder Snowflake-Schemas sowie zur Umsetzung der OLAP-Operatoren und multidimensionaler Anfragen ist SQL.

Anhand DDL-Operatoren (*Data Definition Language*) werden die Tablespaces, Tabellen, Relationen, *Views* sowie Indizes erzeugt und angelegt. Die DML-Operatoren (*Data Manipulation Language*) werden eingesetzt, um die Inhalte zu erstellen bzw. Daten einzugeben und eventuell zu modifizieren. Typische Anfragen, die an ein Data Warehouse gerichtet sind, wählen in der Regel eine große Menge vorhandener Fakten aus, die auf eine oder mehrere Dimensionen beschränkt sind, und berechnen Aggregationen auf diese Daten. Beispiel für solch eine Anfrage ist etwa die Frage „Welche Umsätze sind in den Jahren 2007 und 2008 für Produktgruppen Rentenfonds und Aktienfonds in den Städten Berlin und Frankfurt pro Monat und Ort erzielt worden?"

Die Fakten sind bei dieser Anfrage die erzielten Umsätze und die Beschränkungen liegen bei den Dimensionen Jahr (Zeit), Stadt (Ort) und Produktgruppe (Produkt), währenddessen die Berechnung der Umsatzsumme über diese Dimensionen die Aggregation bildet. Die Anfragen werden in eine SQL-Anfrage (*Query*) umgewandelt.

Solche Anfragen folgen meist einem Muster, haben gemeinsame Eigenschaften und weisen folgende Komponenten auf[2]:

[1] Vgl. Han und Kamber (2006, S. 126).

[2] Vgl. Saake et al. (2008, S. 640ff).

- Ein $(n + 1)$-Wege-Verbund[3]-Operator zwischen n Dimensionstabellen und der Faktentabelle
- Restriktionen und Einschränkungen für Dimensionstabellen
- Aggregationen der Fakten in Verbindung mit Gruppierungen

Das hier beschriebene Muster wird auch Star-Join genannt.

Die oben ausformulierte Fragestellung wird auf Basis des Star-Schemas in Abb. 4.3 wie folgt in SQL umgesetzt.

```
select  O.Stadt, Z.Jahr, sum(Umsatz)
from    Kaufauftrag K, Zeit Z. Produkt P, Ort O
where   K.Produkt_ID = P.Produkt_ID and
           K.Zeit_ID = Z.Zeit_ID and
            K.Ort_ID = O.Ort_ID and
    (P.Produktgruppe = 'Renten Fond' or
     P.Produktgruppe = 'Aktien Fond') and
           (O.Stadt = 'Berlin' or
            O.Stadt = 'Frankfurt') and
     Z.Jahr between 2007 and 2008
group by O.Stadt, Z.Jahr
```

5.2 Cube und Rollup

Im Rahmen der Datenanalyse und Auswertung sind die Anfragen meist komplex und deren Umsetzung und Ausformulierung in SQL sind oft mühsam. Erschwert wird das noch durch eine ineffiziente Ausführung und Auswertung solcher zum Teil schlecht formulierten Anfragen. Um diese Problematik zu beheben, steht der SQL-Operator Cube zur Verfügung.

Durch Verwendung des Cube-Operators werden aus einer gegebenen Menge von Gruppierungsattributen alle möglichen Gruppierungskombinationen erzeugt bzw. berechnet, beispielsweise durch Angabe von vier Gruppierungsattributen A_1, A_2, A_3, A_4 in group by cube (A_1, A_2, A_3, A_4) werden folgende Gruppierungen und Aggregationen gebildet:

group by -; group by A_1; group by A_2; group by A_3; group by A_4;
group by A_1, A_2; group by A_1, A_3; group by A_1, A_4; group by A_2, A_3;
group by A_2, A_4; group by A_3, A_4;
group by A_1, A_2, A_3; group by A_1, A_2, A_4; group by A_1, A_3, A_4; group by A_2, A_3, A_4;

[3] Es ist oft notwendig, Kennzahlen aus unterschiedlichen Würfeln miteinander zu verbinden, um eine neue Kennzahl zu berechnen. Zwei Würfeln lassen sich immer dann verbinden, wenn sie dieselbe Granularität aufweisen.

```
group by A1,A2,A3,A4;
```

Der Cube-Operator wird bei der *group by* Klausel verwendet und hat folgende Muster:

```
select *
from . . .
where. . .
group by cube (Gruppierungsattribute)
```

Das gezeigte Beispiel sieht unter Verwendung des Cube-Operators wie folgt aus:

```
select  Produktgruppe Gruppe, Stadt, Jahr, sum(Umsatz)
from    Kaufauftrag K, Zeit Z. Produkt P, Ort O
where   K.Produkt_ID = P.Produkt_ID and
        K.Zeit_ID    = Z.Zeit_ID    and
        K.Ort_ID     = O.Ort_ID
Group by cube(Gruppe,Stadt, Jahr)
```

Folgende Eigenschaften können für den Cube-Operator identifiziert und beschrieben werden[4]:

1. Bei einer Gruppierung von Attributen $A_1, A_2, \ldots, A_n$ mit den Kardinalitäten $C_1, C_2, \ldots, C_n$ berechnet die Operation Cube $(A_1, A_2, \ldots, A_n)$ eine Relation mit der folgenden Kardinalität:
$$\prod_{i=1}^{n} (C_i + 1)$$
2. Bei m Attributen in der Select-Klausel ergeben sich $2^m - 1$ Superaggregate in der Ergebnisrelation.

Sollten nicht alle Teilsummen im Ergebnis auftauchen, so kann das Ergebnis vom Cube-Operator durch Grouping-Funktion in der Having-Klausel weiter eingeschränkt werden. Die Grouping-Funktion bekommt als Parameter ein oder mehrere Attribute und liefert 1, falls über dieses Attribut aggregiert wurde, und 0, wenn nach diesem Attribut gruppiert worden ist. Beispiel:

```
select  Produktgruppe Gruppe, Stadt, Jahr, sum(Umsatz)
from    Kaufauftrag K, Zeit Z. Produkt P, Ort O
where   K.Produkt_ID = P.Produkt_ID and
        K.Zeit_ID    = Z.Zeit_ID    and
        K.Ort_ID     = O.Ort_ID
group by cube(Gruppe,Stadt, Jahr)
having not (grouping(Gruppe) = 1 and
```

[4]Vgl. Saake et al. (2008, S. 644–647).

```
          grouping(Stadt)   = 1 and
          grouping(Jahr)    = 1)
```

Im Gegensatz zum Cube-Operator, der interdimensionalen Charakter aufweist, d. h. auf Attribute unterschiedlicher Dimensionen angewendet werden kann, wirkt der Rollup-Operator intradimensional. Zu einer gegebenen Attributliste $A_1, A_2, \ldots, A_n$ produziert der Rollup-Operator folgende Attributkombinationen:

$$(A_1, A_2, \ldots, A_n), (A_1, A_2, \ldots, A_{n-1}), (A_1, A_2), (A_1), ().$$

Beispiel:

```
select   Produktgruppe Gruppe, Tag, Monat, Jahr, sum(Umsatz)
         as Umsatz
from     Kaufauftrag K, Zeit Z, Produkt P
where    K.Zeit_ID      = Z.Zeit_id and
         K.Produkt_ID   = P.Produkt_ID and
         Z.Jahr         = 2008 and
         P.Gruppe       = 'Renten Fond'
group by rollup(Jahr, Monat, Tag)
```

Sind mehrere Rollup-Operationen in einer Anfrage vorhanden, so wird das Kreuzprodukt der durch Rollup-Operationen generierten Attributkombinationen zur Gruppierung verwendet. Beispielsweise zur Ausführung der folgenden schematischen Anfrage:

```
select   . . .
from     . . .
where    . . .
     group by rollup(A1, A2),
              rollup(A3, A4)
```

Zunächst liefert die erste Rollup-Operation: $(A_1, A_2), (A_1), ()$ und die zweite Rollup-Operation generiert: $(A_3, A_4), (A_3), ()$, sodass durch die beiden Rollup-Operationen das Kreuzprodukt $\{(A_1, A_2), (A_1), ()\} \times \{(A_3, A_4), (A_3), ()\}$ generiert wird.

Der Rollup-Operator produziert weniger Gruppierungskombinationen im Vergleich zum Cube-Operator. Für n Attribute generiert der Cube-Operator 2^n Kombinationen und der Rollup-Operator $n + 1$ Gruppierungskombinationen. Die Reihenfolge der Attribute spielt bei dem Rollup-Operator eine große Rolle, Rollup (A_1, A_2, A_3) liefert ein anderes Ergebnis als Rollup (A_3, A_1, A_2).

Kapitel 6
Metadaten

Sogenannte Metadaten – Daten über Daten – sowie deren Verwaltung sind ein integraler Bestandteil eines Data Warehouse und beeinflussen direkt dessen Datenqualität. Unter dem Begriff Metadaten versteht man sämtliche Informationen, die für den Entwurf, den Aufbau, den Betrieb und die Nutzung eines Data Warehouse benötigt werden. Metadaten beschreiben Daten, Systemeigenschaften und Systemabgrenzungen.

Für ein Data-Warehouse-System ist der Einsatz und die Pflege von Metadaten essenziell, da hier alle Informationen über Data Warehouse abgelegt werden. Es werden Datenstrukturen, Datenformate und Datentypen, Herkunft und der Ursprung einzelner Datenfelder sowie die Vorschriften zu deren etwaiger Modifikation und Informationen, wie auf sie zugegriffen werden kann und wie sie in das Data-Warehouse-System übertragen werden, beschrieben und dokumentiert. Die Metadaten werden in der Regel im *Data Dictionary* bzw. *Data Repository* hinterlegt.[1] Informationen über Daten aus operativen und externen Quellen und deren Zuordnung zu den Data Warehouse Datenbeständen (*Mapping*), die in einem Data-Warehouse-System zu Analysezwecken zur Verfügung gestellt werden, müssen in den Metadaten abgelegt und beschrieben sein und es müssen über diese Daten auch weitere, zusätzliche Daten zugänglich gemacht werden, wie beispielsweise[2]:

- Stichtag der externen Daten
- Beschreibung der externen Daten
- Beschreibung der externen Quellen
- Klassifikation der externen Daten
- Schlüsselwörter
- Datum der Datenübernahme
- Physikalische Speicheradresse der externen Daten
- Format- und Größenangaben
- Verknüpfungen innerhalb der externen Daten

[1] Vgl. Mertens und Wieczorrek (2000, S. 127–129).

[2] Vgl. Inmon (1996, S. 266f).

K. Farkisch, *Data-Warehouse-Systeme kompakt*, Xpert.press,
DOI 10.1007/978-3-642-21533-9_6,

Die großen Datenmengen, die in einem Data Warehouse enthalten sind, lassen sich nur über logisch strukturierte Indizes verwalten und überschaubar machen. Die Metadaten sind quasi das Inhaltsverzeichnis eines Data Warehouse. Dieses Verzeichnis bietet dem Entscheider eine nicht technische Sicht auf potenzielle Quellen der Informationen. Die Integration von Quelldaten und die Bereitstellung der bereinigten, konsistenten Daten in einer Datenbank zur Analyse bedürfen einer vollständigen und umfassenden Dokumentation der angewandten Prozesse, um jederzeit jeden einzelnen Schritt nachvollziehen zu können. Idealerweise sollten alle Informationen über Strukturen und Abläufe in einem Data-Warehouse-System im Rahmen der Metadatenverwaltung umfassend, vollständig und widerspruchsfrei beschrieben werden. Die Metadaten müssen als einzige, einheitliche Informationsquelle benutzt werden, um eine Basis zur eindeutigen Interpretation und einheitliche Termini der vom Data-Warehouse-System bereitgestellten Informationen zu schaffen.

Metadaten müssen sehr verschiedenen Anforderungen genügen: Zum Beispiel sollten sie einer Versionskontrolle unterliegen, damit sich ihre Historie nachvollziehen lässt. Die Struktur und der Inhalt des Data Warehouse müssen sich in einem *Data Dictionary* in übersichtlicher Form wiederfinden. Auch die Datenquellen, die den Informationspool speisen, müssen hier definiert sein, ebenso die Integrations- und Transformationslogik und Überprüfungsregeln, über die Daten aus den operativen Systemen in die Data Warehouse Umgebung verschoben werden.

Eine weitere Aufgabe der Metadaten ist es, historische Daten bereitzustellen. Zusätzlich muss nach Veränderungen des Data Warehouse sichergestellt sein, dass auf historische Daten richtig und korrekt zugegriffen werden kann. Metadaten müssen aufzeigen, wie sich das Data Warehouse bezüglich seiner Inhalte und Abläufe gewandelt hat. Somit haben die Metadaten auch eine Dokumentationsaufgabe.

Auch das Sicherheitskonzept des Data Warehouse muss in den Metadaten abgelegt sein, schließlich soll nicht jeder alles dürfen. Benutzer- und Zugriffsrechte sowie die Zugriffskontrolle samt entsprechenden Mechanismen können einen wichtigen Teil der Metadaten ausmachen, da in Data-Warehouse-Systemen meistens sensible und manchmal sogar personenbezogenen Daten abgelegt sind, die eines sorgfältigen Schutzes bedürfen.

Unterläuft den Datenmodellierern an dieser Stelle ein Fehler, wird der Anwender sich sehr schnell im undurchdringlichen Datendschungel verlieren bzw. werden sensible und vertrauliche Daten einem breiten Anwenderkreis zugänglich gemacht.

Metadaten können auf unterschiedliche Arten verwendet werden. Die Entwickler, Designer und die Manager von Data-Warehouse-Systemen benötigen andere Metadaten als die Endbenutzer eines Data-Warehouse-Systems. Die Metadaten über die physikalischen Strukturen, Datenmodelle, Ablaufbeschreibungen und einzelne Prozessschritte zur Kontrolle und zur Steuerung und Überwachung des gesamten Systems richten sich in erster Linie an IT-Fachkräfte und werden von dem Endbenutzer nicht benötigt. Der Endbenutzer sollte jedoch alle für seine Arbeit relevanten und erforderlichen Daten und Dokumente im Data-Warehouse-System zur Verfügung gestellt bekommen. Er benötigt ein detailliertes und genaues Wissen über Inhalte, Abgrenzungen, Ursprünge, Transformationen und Formate von Daten.

Um einen besseren Überblick bei der Verwaltung der Metadaten zu gewährleisten, können diese nach ihrer Herkunft in technische und geschäftsprozessorientierte Metadaten[3] unterteilt werden.[4]

Technische Metadaten beinhalten die Informationen, die beim Aufbau und Betrieb des Data-Warehouse-Systems benötigt bzw. erzeugt werden. Beispielsweise gehören zu den technischen Metadaten neben den Regeln zur Schematransformation (*Mapping*) aus einer Quelle in das Zielschema des Data-Warehouse-Systems, auch Protokollierungen (*Logs*) und Berichte über den Zustand der abgelaufenen, abgebrochenen oder noch fortlaufenden Prozesse während des Betriebs eines Data-Warehouse-Systems.

Bei den geschäftsprozessorientierten Metadaten handelt es sich um die Art und Weise der Interpretation und Auslegung sowohl der Quelldaten als auch der Daten des Data Warehouse aus Sicht des Geschäftsprozesses. Diese sind meistens Aussagen über Daten, die in natürlichen Sprachen festgehalten werden.

Verschiedene Geschäftsregeln lassen sich ebenfalls in den Metadaten hinterlegen: Beispielsweise ist ein automatischer Drill-up oder Drill-down sowie das Navigieren in den verschiedenen Dimensionen, etwa Produktgruppen, Märkte, Quartale etc., möglich.

Mit einem umfassenden, vollständigen Metadaten Managementsystem kann ein Data-Warehouse-System nicht nur der Forderung nach einem zentralen Datenlager gerecht werden, sondern erfüllt auch die Aufgabe einer übergeordneten Instanz bei der Erfüllung von Geschäftsprozessen im Zusammenhang mit der Bewertung von einzelnen Kennzahlen.[5] Das Metadaten Managementsystem schafft hier Abhilfe und liefert die Grundlage zur korrekten Informationsversorgung der Anwender eines Data Warehouse und reduziert den Aufwand für den Aufbau und den Betrieb des Data-Warehouse-Systems. Beispielweise ist eine widerspruchsfreie, konsistente Integration der Daten aus den externen Quellen nur durch konsistente Metadaten gegeben.

6.1 Common Warehouse Metamodell

Es existiert eine Standardisierung für die Metadaten in einem Data-Warehouse-System unter der Bezeichnung *Common Warehouse Metamodel*,[6] basierend auf

[3]Vgl. Lehner (2003, S. 45–50).

[4]Die Unterteilung kann auch anders ausfallen, beispielsweise schlagen (Mertens und Wieczorrek, 2000, S. 150–153) eine Unterteilung in Aufbauzeit, Kontroll- und Gebrauchs-Metadaten vor. (Bauer und Günzel, 2004, S. 328) unterscheiden drei Arten der Nutzung von Metadaten: passiv, aktiv und semiaktiv. Hierbei wird unterschieden, ob die Metadaten von Anwendern, Entwicklern, Administratoren oder von Softwarewerkzeugen und von anderen Prozessen gebraucht werden.

[5]Vgl. Lehner (2003, S. 46).

[6]Das Common Warehouse Metamodell ist ein Standard zur Sicherung der Interoperabilität zwischen verschiedenen Data-Warehouse-Systemen, der von Object Management Group (OMG) entwickelt wurde. Siehe auch http://www.cwmforum.org

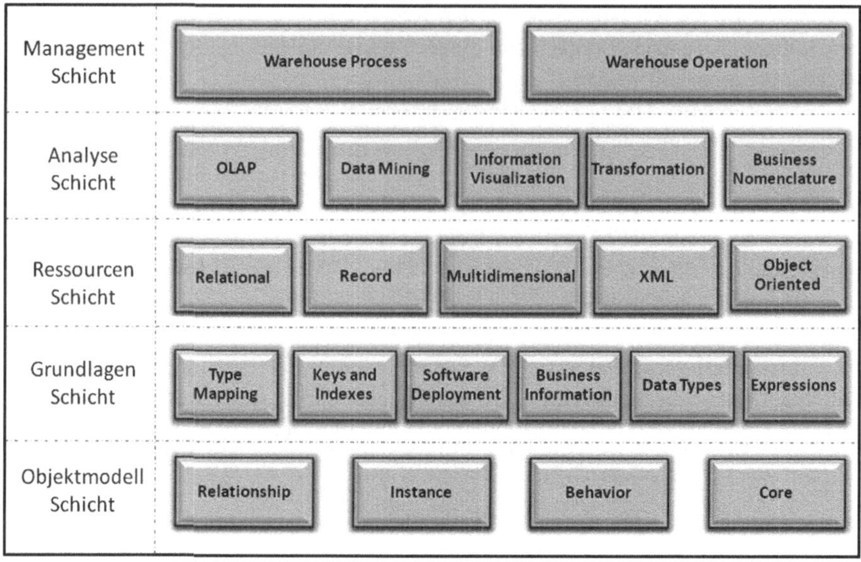

Abb. 6.1 Schichten des Common Warehouse Metamodells

Technologien der *Unified Modeling Language*, *Meta Object Facility* und *XML Metadata Interchange*.

Das Common Warehouse Metamodell ist ein herstellerunabhängiges, flexibles und formales Modell, welches es erlaubt, Datenstrukturen, Prozesse und Abläufe in einem Data-Warehouse-System zu modellieren. Zur Erhöhung der Flexibilität des Modells wird das Gesamtmodell als eine Art Hierarchie in fünf Schichten so aufgeteilt, dass zur Spezifikation eines Teilmodells jeweils nur auf die Teilmodelle der darunterliegenden Schicht zugegriffen werden darf.

1. Objektmodellschicht
   In dieser Schicht werden die Entitäten und Beziehungen zwischen Entitäten spezifiziert, die die Basis des gesamten Metamodells darstellen.
2. Grundlagenschicht
   Hier werden die Datentypen, die Schlüssel und die Indexe definiert und formal beschrieben und Strukturen, Konstrukte und Konzepte, die von höheren Schichten benutzt werden können, bereitgestellt.
3. Ressourcenschicht
   Innerhalb der Ressourcenschicht werden konkrete Ausprägungen und Instanzen der Datenmodellierung unter Verwendung der Strukturen bzw. der Konstrukte der Grundlagenschicht bestimmt und dargelegt.
4. Analyseschicht
   Die Spezifikation und Beschreibung der Transformationsregeln- und Vorschriften sowie die Beschreibung der analyseorientierten Anwendungen und Szenarien (z. B. Data Mining) sowie des eigentlichen multidimensionalen Analyseprozesses (OLAP) geschieht in der Analyseschicht.

5. Managementschicht
   In dieser Schicht werden die Teilmodellierungen zur Spezifizierung der Data Warehouse Prozesse und der Data Warehouse Operationen beschrieben. In dieser Schicht gehören beispielsweise Teilmodellierungen, die festlegen, wann welche Prozesse in welcher Reihenfolge ausgeführt werden sollen, um einen speziellen Report zu erstellen, der die Anforderungen eines Analyseszenarios erfüllt.

Das Common Warehouse Metamodell ermöglicht eine flexible, effiziente und umfassende Beschreibung der Strukturen und Abläufe in einem Data-Warehouse-System. Zusätzlich schafft es die Basis für die Interoperabilität sowie für einen Austausch der Metadaten zwischen verschiedenen Data-Warehouse-Systemen.

Kapitel 7
Eigenschaften von Data-Warehouse-Systemen

Data-Warehouse-Systeme dienen primär der Gewinnung von Informationen und statistischen Aussagen im Rahmen eines Entscheidungsfindungsprozesses aus unterschiedlichen heterogenen Datenbanken, die als Datenquellen untersucht, analysiert und ausgewertet werden.

Es existieren zahlreiche Unterschiede zwischen Eigenschaften eines Data-Warehouse-Systems und den eines Datenbanksystems zur Durchführung des operativen Geschäfts in einem Unternehmen.

Traditionell gesehen basieren die meisten Datenbanksysteme und Datenbankanwendungen auf dem Konzept der Transaktion. In diesem Kontext beschreibt eine Transaktion eine Folge von Datenverarbeitungsbefehlen (*Read, Insert, Delete, Update*) in einer Anwendung, die eine bestimmte Funktion erfüllt und die Basisdatenbank von einem konsistenten Zustand in einen anderen oder in denselben konsistenten Zustand überführt. Hierbei ist es wesentlich, dass diese Folge von Befehlen ohne Unterbrechung, d. h. atomar ausgeführt wird. Das Transaktionskonzept wird durch sogenannte ACID[1]-Eigenschaften charakterisiert.[2] Diese transaktionalen Systeme, auch *Online Transactional Processing* (OLTP) genannt, unterscheiden sich vor allem durch Daten, Anfragen und Anwender von analyseorientierten OLAP und Data-Warehouse-Systemen.

Es wird im Folgenden eine Aufteilung und ein Vergleich in dreierlei Hinsicht gezogen und zwar bezüglich der Daten, der Anfragen und des Anwenders.

---

[1] ACID ist eine Abkürzung und steht für:

Atomicity (Atomarität): Diese Eigenschaft besagt, dass eine Transaktion als kleinste Einheit, die nicht weiter zerlegbar ist, betrachtet wird. Es werden entweder alle Befehle einer Transaktion ausgeführt oder gar keine.

Consistency: Eine Transaktion hinterlässt immer einen konsistenten Zustand, sonst wird die Transaktion zurückgesetzt.

Isolation: Durch diese Eigenschaft ist sichergestellt, dass nebenläufige und gleichzeitige Transaktionen sich nicht gegenseitig beeinflussen können.

Durability (Dauerhaftigkeit): Jede Änderung bleibt dauerhaft in der Datenbank erhalten, falls die Transaktion erfolgreich abgeschlossen wurde.

[2] Vgl. Kemper und Eickler (2006, S. 269–276).

K. Farkisch, *Data-Warehouse-Systeme kompakt*, Xpert.press,
DOI 10.1007/978-3-642-21533-9_7,

Tabelle 7.1 Vergleich unterschiedlicher Daten der Systeme

Daten	Transaktionsorientierte Systeme	Analyseorientiert (Data-Warehouse-Systeme)
Datenquellen	meist eine	mehrere
Merkmale	nicht abgeleitet, autonom, dynamisch, zeitnah (Aktualität der Daten ist kleiner als 90 Tage), detailliert	abgeleitet, integriert, stabil, konsolidiert, teilweise aggregiert, historisiert (Daten der letzten 5–10 Jahre)
Datenvolumen	Megabyte, Gigabyte bis Terabyte	Gigabyte, Terabyte bis Petabyte
Zugriff	wenige Datensätze, meist Einzeltupelzugriff	viele Datensätze, meist größere Bereichsanfragen

7.1 Data-Warehouse-System Versus OLTP: Datensicht

Die meisten transaktionsorientierten Systeme benutzen relationale Datenmodelle. Im Vergleich dazu finden die multidimensionalen Datenmodelle bei analyseorientierten Anwendungen und Data-Warehouse-Systemen Anwendung.

Während die Daten in einem transaktionsorientierten System (OLTP) meist nur aus einer Quelle stammen, zeitnah (zeitaktuell), nicht abgeleitet, autonom und dynamisch sind, werden die Daten eines Data Warehouse aus mehreren heterogenen operativen Datenbanken abgeleitet, bereinigt und integriert. Sie sind stabil, historisiert und werden meist in verdichteter und aggregierter Form abgelegt. Ein Data Warehouse hat bedingt u.a. durch das Zusammenführen und Integrieren der Daten mehrerer Quellen und Systeme ein um ein Vielfaches erhöhte Datenvolumina als ein transaktionales System. Die Datenvolumina können sich von Megabyte und Gigabyte im Bereich der transaktionalen Datenbanken auf Terabyte bei Data Warehouse Anwendungen erhöhen. In einem Data Warehouse sind sehr oft Suchläufe über den gesamten Datenbestand notwendig. Im Gegensatz dazu finden bei transaktionsorientierten Anwendungen fast nur Zugriffe auf einzelne Tupel statt.

7.2 Data-Warehouse-System Versus OLTP: Anfragesicht

Die Aufgaben und Merkmale der Anfragen (*Query*) unterscheiden sich je nachdem, ob es sich um ein transaktionsorientiertes System oder um ein analyseorientiertes System handelt. Die Anfragen bei einem transaktionsorientierten System führen READ-, WRITE-, UPDATE- und DELETE-Operationen in einfachen, kurzen Transaktionen aus, die meist nur einige wenige Datensätze betrifft. Im Vergleich dazu sind Anfragen bei einem analyseorientierten System komplexer und führen lange und umfassende Leseoperationen durch, die zum Teil mehrere Millionen von Datensätzen betreffen.

Tabelle 7.2 Vergleich unterschiedlicher Merkmale der Anfragen

Anfragen	Transaktionsorientierte Systeme	Analyseorientiert (Data-Warehouse-Systeme)
Fokus	Lesen, Schreiben, Modifizieren, Löschen	Lesen, Hinzufügen
Transaktionsdauer und Typ	Kurze Lese-/Schreibtransaktionen	Lange Lesetransaktionen
Struktur der Anfragen	Einfach	Komplex
Datenvolumen der Anfrage	Wenige Datensätze	Sehr viele Datensätze
Datenmodell	Anfrageflexibles Datenmodell[a]	Analyseorientiertes Datenmodell

[a]D. h., keine Anfrage wird durch das Modell bevorzugt abgearbeitet.

Tabelle 7.3 Vergleich typischer Anwender der Systeme

Anwender	Transaktionsorientierte Systeme	Analyseorientiert (Data-Warehouse-Systeme)
Typische Anwender	Sachbearbeiter	Manager, Controller, Analysten
Anwenderzahl	Viele	Wenige
Antwortzeit	ms-s	s-min

7.3 Data-Warehouse-System Versus OLTP: Anwendersicht

Die Anwender eines analyseorientierten Systems bzw. eines Data-Warehouse-Systems sind in der Regel Manager, Controller und Analysten. Daher ist die Anzahl der Anwender im Vergleich zur Anzahl der Anwender eines transaktionsorientierten Systems deutlich kleiner.[3] Während bei den transaktionsorientierten Systemen die Antwortzeiten der Anfragen sehr kurz sind, können sie bei analyseorientierten Systemen bis zu einigen Minuten dauern.

[3]Vgl. Bauer und Günzel (2004, S. 8–11).

Kapitel 8
Aufbau und Architektur eines Data-Warehouse-Systems

Ein universelles Vorgehensmodell zur Realisierung und zum Aufbau eines Data Warehouse existiert nicht. Vielmehr sollte das Data-Warehouse-System im Idealfall in der Lage sein, ein genaues Abbild des immer dezentral operierenden Unternehmens zu erzeugen. Dazu gehören sämtliche Geschäftsprozesse und -regeln, externe und interne Beziehungen, Organisationsstrukturen und Produkte. Ein Data Warehouse soll nicht die konventionell operative Datenverarbeitung ersetzen, vielmehr schafft es daneben eine völlig neue technische und organisatorische Infrastruktur.

Zum Aufbau eines Data Warehouse konnte sich bisher keine einheitliche Architektur durchsetzen. Die Ansätze reichen von zentralen Data Warehouses für das Gesamtunternehmen über zentrale, auf bestimmte Unternehmensfunktionen eingeschränkte Data Warehouses bis hin zu dezentralen Konzepten mit unterschiedlichen Zugriffsgraden auf operationalen Datenquellen. Als virtuelles Data Warehouse werden zusätzlich Ad-hoc- und vorgefertigte Reports auf operative, zumeist verteilte Daten ohne gesondertes Datenbanksystem propagiert.

Ein Data-Warehouse-System besteht aus Komponenten zur Extraktion, Transformation, Datenbereinigung und zur Integration, zum Laden, zur Speicherung, zum Metadatenmanagement und zur Analyse der Daten. Ein Data-Warehouse-System ist die Gesamtheit einer Infrastruktur zur multidimensionalen Analyse und Auswertung dispositiver und archivierter Datenbestände. Die Datenbestände eines Data-Warehouse-Systems werden aus verschiedenen, fremden, heterogenen, externen oder sonstigen Quellen gesammelt, bereinigt und nach geeigneter Transformation in einer einheitlichen, konsolidierten Datenbasis integriert. Dieser Vorgang ist oft sehr komplex und bedarf einiger Komponenten, die beim Aufbau eines Data-Warehouse-Systems beteiligt sind. Bei der Analyse und Auswertung der Datenbestände spielen die zugrundeliegenden multidimensionalen Datenmodelle eine entscheidende Rolle, indem sie interaktives Navigieren und Explorieren durch die Datenbestände ermöglichen, welches ein großer Vorteil von Data-Warehouse-Systemen ist.

K. Farkisch, *Data-Warehouse-Systeme kompakt*, Xpert.press,
DOI 10.1007/978-3-642-21533-9_8, © Springer-Verlag Berlin Heidelberg 2011

8.1 Anforderungen an ein Data-Warehouse-System

Die wichtigsten Anforderungen, denen ein Data-Warehouse-System gerecht werden soll, sind u.a.:

- Ein Data-Warehouse-System ist ein autarkes System und besitzt lediglich Schnittstellen zu Datenquellen und operativen Systemen, die an das Data-Warehouse-System Daten liefern. Die Unabhängigkeit zwischen den Datenquellen (operative Systeme) und dem Data-Warehouse-System (Analysesystem) muss sichergestellt sein. Diese Unabhängigkeit bezieht sich vor allem auf die Verfügbarkeit, auf die Belastung und auf die laufende Änderung der Datenlieferantensysteme. Die Analyse und Auswertung soll unabhängig von den Systemen, aus denen die Daten stammen, stets möglich sein.
- Ein Data-Warehouse-System ermöglicht eine persistente Datenhaltung dadurch, dass abgeleitete, integrierte und konsolidierte Daten und deren Strukturen nicht nur dauerhaft bereitgestellt werden, sondern auch formell und semantisch eindeutig sind.
- Ein Data-Warehouse-System unterstützt möglichst viele individuelle Sichten bezüglich der Datenstrukturen und Zeithorizonte.
- Die Daten eines Data-Warehouse-Systems müssen beliebig oft verwendet werden können und auf Dauer verfügbar sein.
- Ein Data-Warehouse-System soll möglichst alle Auswertungsszenarien und Analyseverfahren unterstützen und hierfür auch geeignete Werkzeuge zur Verfügung stellen.
- Ein Data-Warehouse-System soll skalierbar und erweiterbar sein sowie erforderliche Mechanismen zur Durchführung der Erweiterung, wie beispielsweise Integration neuer Datenquellen oder Erstellung von neuen Reporten und Berichten etc., bereitstellen.
- Innerhalb eines Data-Warehouse-Systems sollen Prozesse und Abläufe automatisiert werden können, z. B. eine automatisierte Reporterstellung.

8.2 Die Referenzarchitektur

Es existiert ein von Bauer und Günzel vorgeschlagenes Referenzmodell für die Architektur von Data-Warehouse-Systemen, genannt Referenzarchitektur,[1] welches der Verfasser dieser Arbeit als nützlich und sinnvoll erachtet. Anhand dieser Referenzarchitektur werden die Komponenten eines Data-Warehouse-Systems eingeführt und beschrieben.

Aus den diversen zum Teil heterogenen Datenquellen werden durch ein Extraktionsprozess die relevanten Daten für das Data Warehouse extrahiert und in einem

[1] Vgl. Bauer und Günzel (2004, S. 36).

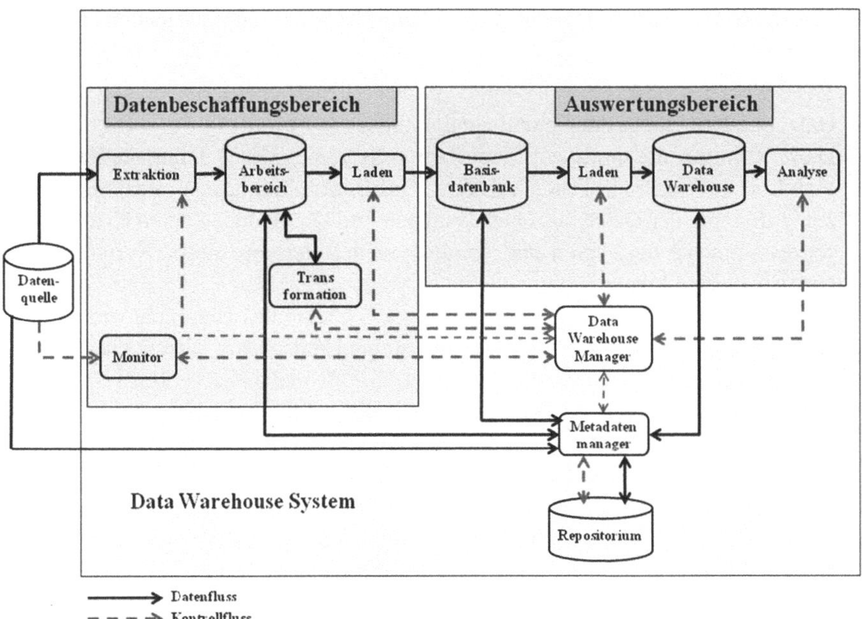

Abb. 8.1 Referenzarchitektur für ein Data-Warehouse-System (nach Bauer und Günzel)

separaten Arbeitsbereich (*Staging Area*) kopiert. In diesem Arbeitsbereich werden die Daten nach festgelegten Regeln zur Integration transformiert. Die transformierten und zu integrierenden Daten werden in eine Basisdatenbank geladen. Dieser Vorgang von Extraktion über Transformation bis hin zum Laden wird von einem Monitor kontrolliert. Dieser Bereich und die beteiligten Komponenten bilden den Datenbeschaffungsbereich und gehören zum ETL-Prozess. Der ETL-Prozess und damit verbundene Problembereiche werden im Abschn. 8.3 genauer beschrieben und dargestellt.

Der Auswertungsbereich des Referenzmodells umfasst die Basisdatenbank, das Data Warehouse und die Analysekomponenten. Die Basisdatenbank ist vor allem durch die Integration der Daten und die dazugehörigen Schemata gekennzeichnet. Die Basisdatenbank ist somit physisch und technisch getrennt und unabhängig von den Datenquellen und unterstützt eine persistente Bereitstellung der Daten. Um die Datenbestände der Basisdatenbank zu analysieren und auszuwerten, werden die Daten (anhand der multidimensionalen Modellierung) in multidimensionalen Strukturen im Data Warehouse geladen.

Ein Überblick über Inhalte, Komponenten, Aktivitäten und Prozesse des gesamten Data-Warehouse-Systems ist durch das Repositorium gegeben, das von dem Metadaten Manager verwaltet und kontrolliert wird. Schließlich steuert der Data Warehouse Manager durch Kontrollflüsse den (automatisierten) Ablauf des Data Warehousing.

Ein Data-Warehouse-System besteht grundsätzlich aus folgenden Komponenten[2]:

- Datenquellen, Quellsysteme und Quelldateien
  Diese Komponente umfasst alle relevanten Systeme oder Dateien, die das Data-Warehouse-System mit Daten beliefern. Das Data-Warehouse-System verwendet zur Aufnahme der Daten aus Quellsystemen und Quelldateien einen Extraktionsprozess, um die benötigten und vorgesehenen Daten aus diesen Systemen und Dateien zu extrahieren.
  Neben externen Quellen sind die operativen Systeme des Unternehmens mit betrieblichen Daten die wichtigsten Quellsysteme für das Data-Warehouse-System. Zusätzlich können weitere Informationen, z. B. Börseninformationen und Welt- oder Marktnachrichten, als Datenquellen in Betracht kommen.
  Der Extraktionsprozess kann periodisch manuell oder automatisiert gestartet werden. In den meisten Fällen sind die Quellsysteme sowohl aus technischer Sicht als auch aus der Anwendungssicht heterogen strukturiert. Heutzutage kann und wird die technische Heterogenität durch diverse bereits vorhandene Kommunikationstechniken und Protokolle überwunden. Das eigentliche Problem ist die Heterogenität von Anwendungen. Um die Daten in einen gemeinsamen Kontext zu bringen und eine konsistente Basisdatenbank zu erreichen, müssen nicht nur die unterschiedlichen Datenschemata integriert werden, sondern es bedarf auch einer Integration der Daten an sich. Während durch Schemaintegration mögliche strukturelle, semantische und inhaltliche Unterschiede beseitigt werden sollen, beschreibt die Datenintegration eine Bereinigung (*Data Cleansing*) und Transformation der Daten aus den heterogenen Quellsystemen, um die Daten zu homogenisieren. Eine Bereinigung der Daten (*Data Cleansing*) ist notwendig, da oft die Quelldaten fehlerhafte, redundante, nicht gültige, veraltete oder fehlende Werte aufweisen.[3]
- Komponente zur Datenkonsolidierung und Datenspeicherung
  Auf den Data Cleansing Prozess folgen die Integration und das Zusammenführen der neuen Daten, die in das Data Warehouse gelangen sollen. Die neuen, bereinigten Daten werden im Rahmen der Aktualisierung dem konsolidierten Datenbestand des Data Warehouse zu einer ausgewählten und passenden Zeit (*Refresh Time*) hinzugefügt. Zusätzlich werden sämtliche unternehmensweiten Detailinformationen und Daten über Prozesse und Zustände entsprechend des Data Warehouse Konzepts in dieser Basisdatenbank abgelegt und gespeichert. Die Realisierung der Basisdatenbank folgt den Regeln des Datenbankentwurfs, wobei hier auf Normalisierung und Eliminierung von Duplikaten zum Teil verzichtet wird, da redundante Ausprägungen der Daten bei der Analyse eher gewünscht sind.

[2]Vgl. Lehner (2003, S. 22ff).

[3]Vgl. Albrecht (2001, S. 7–10).

- Komponente zur Datenbereitstellung und Informationsversorgung
  Die konsolidierte Basisdatenbank gilt als Grundlage zur Ableitung der dispositiven Datenbasis. Die dispositive Datenbasis richtet sich nach den Bedürfnissen der Analyseszenarien und dem Auswertungsverfahren und ist für Analysezwecke schon in der Entwurfsphase bereits zu diesem Zweck optimiert. Das relationale Schema solcher dispositiven Datenbasen wird nach dem Star-Schema oder Snowflake-Schema aufgebaut. Innerhalb einer dispositiven Datenbasis müssen nicht alle Detaildaten zur Verfügung stehen. Viele dieser Daten können in aggregierter, verdichteter Form vorliegen.
- Komponente zur Datenanalyse
  Die Komponente zur Datenanalyse beinhaltet alle Systeme und Werkzeuge, die eine Interaktion mit dem Endbenutzer ermöglichen und eine Analyse und Auswertung der Datenbestände u.a. durch Exploration unterstützen. In diesem Bereich sind auch spezielle, aus der Datenbasis abgeleitete Datenbanken, die auch als *Data Mart* bezeichnet werden, anzusiedeln.
  Die *Data Mart* sind spezielle analyseorientierte Systeme mit einer Ausrichtung auf das jeweilige Anwendungsthema.
- Komponente zur Verwaltung von Metadaten
  Sämtliche Prozesse, Aktivitäten und Strukturen müssen in einem Data-Warehouse-System dokumentiert sein, damit eine vollständige Nachvollziehbarkeit jederzeit gegeben ist, z. B. werden alle Datenquellen mit den zugehörigen Extraktionsvorschriften in einem Metadaten-Repositorium dokumentiert und gespeichert.

8.3 Datenextraktion, Datentransformation und Datenintegration

Eine der wichtigsten Anforderungen, die an ein Data-Warehouse-System gerichtet sind, ist die Bereitstellung einheitlicher, konsolidierender, konsistenter und integrierter Sichtweisen auf Daten und Datenbestände, die größtenteils über heterogene Systeme mit unterschiedlichen Datenschemata verteilt und verstreut vorliegen. Die Bereitstellung einer konsistenten und integrierten Datenbasis in solchen Fällen bedarf eines komplexen und aufwendigen Prozesses zum Extrahieren von Daten aus externen heterogenen Quellsystemen und zur Übertragung der extrahierten Daten zur Bereinigung in die Data Warehouse Datenbank und zur Überführung dieser extrahierten bereinigten Daten in ein globales Schema, um letztlich diese in die Data Warehouse Basisdatenbank zu integrieren.

Es existieren unterschiedliche Techniken zur Durchführung eines ETL-Prozesses. Innerhalb eines ETL-Prozesses sollen Maßnahmen zur Behandlung von Problemen und Konflikten bezüglich der Daten- und deren Schemaintegration bereitgestellt werden. Bei der Daten- und Schemaintegration in einem Data-Warehouse-System soll zunächst bestimmt werden, welche Daten für die Applikationen und Anwendungen des Data-Warehouse-Systems relevant seien und somit in das Data-Warehouse-System zu übernehmen sind. Diese Relevanz muss in enger Abstimmung zwischen Lieferanten, Benutzern und den Betreibern von

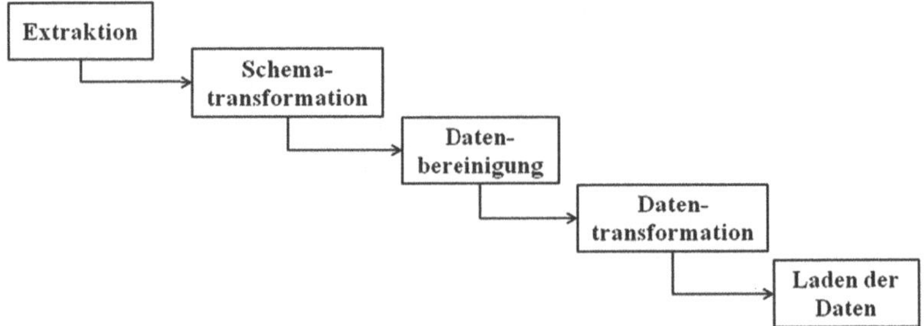

Abb. 8.2 Schritte im ETL-Prozess (nach Vossen)

Data-Warehouse-Systemen festgestellt werden. Des Weiteren soll geklärt werden, welche Datenqualität die Benutzer des Data-Warehouse-Systems zur Analyse bzw. Unterstützung ihres Entscheidungsfindungsprozesses benötigen. In einem Data-Warehouse-System ist der Wunsch nach einer hohen Datenqualität besonders groß, da aufgrund der Analyse dieser Daten üblicherweise unternehmensweite Entscheidungen getroffen werden. Nicht bereinigte und in der Qualität ungeprüfte Daten, die in ein Data-Warehouse-System gelangen, können zu ungenauen und gänzlich falschen Entscheidungen führen, welche den Erfolg eines Projekts gefährden könnten.[4] Die Erhöhung der Datenqualität in einem Data-Warehouse-System ist am besten dadurch zu erzielen, unbereinigte und schlechte Daten nicht in das Data-Warehouse-System gelangen zu lassen. Durch passende Säuberungen, Prüfungen und Zusicherungen im Vorfeld (z. B. durch vorher gut überlegte und fein abgestimmte Cleansingverfahren, anhand Metadaten oder mehrstufige Filter) können die Qualitäten der Daten bereits entweder in den Datenliefersystemen, also an der Quelle, verbessert werden, oder durch nachträgliche Korrektur der Daten in den Fachabteilungen eine Qualitätserhöhung zu erzielen. Um eine dauerhafte und nachhaltige Erhöhung der Datenqualität zu erzielen, ist es sinnvoll, die Datenbereinigung (*Data Cleansing*) als einen Teil eines ganzheitlichen Datenqualitätsmanagements aufzufassen.

8.3.1 Extraktion (Extraction)

Die Extraktion dient zum regelmäßigen Selektieren der Änderungsdaten aus Quellen und zur Versorgung des Data-Warehouse-Systems mit relevanten Daten.

Aus der operationalen Sicht betrachtet, ist die Extraktion von Daten aus verschiedenen Datenquellen abhängig von der Beschaffenheit von unterschiedlichen heterogenen Datenquellen und Quellsystemen. Nachdem festgelegt wurde, welche Daten aus welchen Datenquellen bzw. aus welchen Quellsystemen zur Integration in das Data-Warehouse-System relevant sind, werden durch Extraktion die ausgewählten

[4] Vgl. Lehner (2003, S. 124).

und selektierten Daten und Datenstrukturen in den Arbeitsbereich (*Staging Area*) des Data-Warehouse-Systems transferiert. Zunächst muss geklärt sein, auf welche Art und Weise die Extraktionskomponente auf Datenquellen bzw. Quellsysteme zugreifen kann und wie die Schnittstellen zwischen dem Data-Warehouse-System und den Quellsystemen realisierbar sind. Der Zugriff und die Extraktion können direkt auf der Ebene der Anwendungen bzw. auf der Ebene eines Datenbank Management Systems erfolgen oder indirekt über Import-Export-Mechanismen und -Techniken.

Häufig handelt es sich hierbei um große Datenvolumina, weshalb die Komponente zur Extraktion einerseits strengen Performance-Anforderungen genügen und eventuell auch Mechanismen zur Datenkomprimierung unterstützen soll, andererseits soll eine Auslastung der Netzinfrastruktur durch erhöhtes Aufkommen von Datentransfers vermieden werden. Es können unterschiedliche Zeitpunkte zur Durchführung der Datenextraktion gewählt werden. Aus zeitlicher Sicht betrachtet, können folgende Methoden zur Durchführung von Extraktionen von Daten identifiziert werden:

- periodische Extraktion
  Abhängig von der benötigten Aktualität und der Menge der Daten kann eine periodische Extraktion (z. B. täglich, wöchentlich, monatlich) angestoßen werden. Die Länge der Perioden zur Durchführung der Extraktion ist vom Anwendungsthema bestimmt.
- sofortige Extraktion
  Einige Anwendungen verlangen nach aktuellsten Daten aus Datenquellen und aus Quellsystemen, sodass es erforderlich ist, die Änderungen sofort in den Daten der Datenquellen und in den Daten der Quellsysteme im Data-Warehouse-System zu integrieren.
- anfragegesteuerte Extraktion
  Die Extraktion wird aufgrund einer Anfrage explizit durchgeführt. Beispielweise, wenn eine Dimensionshierarchie um einige Dimensionselemente erweitert wird, soll die Extraktionskomponente alle vorhandenen Daten bezüglich der neuen Dimensionselemente aus Quelldaten bzw. Quellsystemen zur Integration in das Data-Warehouse-System transferieren.
- ereignisgesteuerte Extraktion
  Das Auftreten eines bestimmten Ereignisses führt zur Durchführung einer Extraktion. So ein Ereignis tritt z. B. dann auf, wenn die Anzahl der Datenänderungen eine bestimmte Marke überschreitet.

Die Extraktion von Daten kann auch in Abhängigkeit von der Datenquelle und deren Fähigkeiten und Beschaffenheit diversifiziert und klassifiziert werden. Folgende Klassifizierungen der Quellen sind möglich:

- replizierende Quellen
  Der Einsatz von Technologien und Diensten zur Replikation ermöglicht ein synchrones Propagieren der Datenänderungen an den Daten der Datenquellen an die Datenbank des Data-Warehouse-Systems.

- aktive Quellen
  Die Datenquellen und Quellsysteme eines Data-Warehouse-Systems, die ihre eigene Datenänderung selbstständig der Datenbank des Data-Warehouse-Systems mitteilen, werden als aktive Quellen bezeichnet. Diese Aktivitäten werden üblicherweise mit Hilfe der Triggermechanismen von DBMS realisiert. Es werden Trigger für Änderungen definiert, die jegliche Änderungen und Einfügungen an der Quelle durch Protokollierungen oder Eintragungen in einer speziellen Tabelle oder in einem anderen DBMS dokumentieren und festhalten. Trigger können immer definiert werden und sie sind sehr flexibel. Dennoch bedeuten größere Mengen von Triggern zusätzlichen Aufwand für einen OLTP-Betrieb.
- Schnappschussquellen (*Snapshot*)
  Ein Schnappschuss beschreibt eine logische Kopie eines konsistenten Zustands einer Datenbank.

  Die Extraktion aus Datenquellen und Quellsystemen, die einen Schnappschuss ihrer Daten anbieten, kann ohne Beeinträchtigung des laufenden Betriebes an Quellen stets erfolgen, jedoch erfordert die Erstellung der Schnappschüsse einen hohen Aufwand an Speicher und Zeit und beeinträchtigt den laufenden OLTP-Betrieb in der Quelle selbst. Diese Methode ist nur bei kleineren Datenquellen sinnvoll. Es gibt effiziente Algorithmen zur Berechnung und zum Ermitteln von Modifikationen in zwei verschiedenen Schnappschüssen einer Quelle.[5]
- protokollierende Quellen
  Aus Protokolleinträgen und Protokollinformationen über die Datenänderungen eines Quellsystems können für das Data-Warehouse-System die relevanten Daten extrahiert werden.
- exportierende Quellen
  Die Datenquellen und Quellsysteme können eine Kopie von *Database Dump*[6] als Exportdatei dem Data-Warehouse-System zur Verfügung stellen, woraus die relevanten Daten dann extrahiert werden.

8.3.2 Transformation

Es gibt folgende Formen der Transformation und Bereinigung von Daten, die im Zusammenhang mit der Datenextraktion zu berücksichtigen sind.[7]

- Data Reconciliation Verfahren: Hierbei werden unterschiedliche Datenformate, Datencodierungen und Datenwerte auf Basis vordefinierter Abbildungsregeln gemapt bzw. abgebildet.

---

[5]Beispielsweise kann der vorgestellte Algorithmus in (Labilo und Garcia-Molina, 1996, S. 63–72) benutzt werden.

[6]Dabei handelt es sich um ein gesamtes Abbild einer Datenbank.

[7]Vgl. Jarke et al. (2000, S. 30).

- Datenvalidierungsverfahren: Die extrahierten Daten werden validiert und potenzielle inkonsistente und fehlerhafte Daten identifiziert, die entweder bereinigt oder korrigiert werden.
- Datenfilterungsverfahren: Gemäß den Anforderungen des Data Warehouse werden die Daten gefiltert.

Um eine für das Data-Warehouse-System geeignete integrierte, konsistente und konsolidierte Basisdatenbank aufzubauen und zu betreiben, soll ein genaues und umfassendes Regelwerk zur Datenbereinigung, zum Abbilden und Umwandeln bzw. zur Transformation der Daten aus den Datenquellen und Quellsystemen aufgestellt werden, welche den Weg und Werdegang von Daten und deren zugehöriger Schemata in das Data-Warehouse-System klar festlegen und dokumentieren. Dieses Regelwerk beinhaltet alle zu verwendenden Quellen und Ressourcen, Art, Anzahl und Umfang der Daten und deren Schemata sowie die Beschreibung, wie die Daten konvertiert werden und welche Daten und Datenattribute der Quellen auf welchen Datenfeldern der Basisdatenbank des Data-Warehouse-Systems wie und in welcher Reihenfolge gemapt bzw. abgebildet werden.

Die Schemaintegration aus unterschiedlichen heterogenen Quellen dient als erster Schritt im Prozess der Datenintegration. Hierbei können folgende Konfliktarten auftreten:

1. semantische Konflikte
   Wenn ein und derselbe Sachverhalt bzw. gleiche Gegenstände in unterschiedlichen Datenquellen verschieden erfasst und dargelegt sind. Darunter werden auch die Problematiken mit Synonymen und Homonyme erfasst. Diese Art von Konflikten kann in den meisten Fällen durch manuelles Eingreifen (Korrektur) gelöst werden.
2. Strukturelle Konflikte
   Ziel der Integration von unterschiedlichen Schemata ist die Beseitigung der strukturellen Konflikte dadurch, dass nicht einheitliche und nicht kompatible Schemata in einem widerspruchfreien Schema vereinigt werden.
3. Datenkonflikte
   Sollten gleiche Entitäten in einem oder mehreren Attributwerten widersprüchliche Werte aufweisen, dann liegt offensichtlich ein Datenkonflikt vor. Die Behebung solcher Datenkonflikte geht in enger Abstimmung mit Datenlieferanten und den beteiligten Fachabteilungen einher.

Die Schemaintegration ist ein Prozess,[8] bei dem zunächst die Schemata aus Datenquellen und Quellsystemen bezüglich der zu integrierenden Struktur untersucht und dokumentiert werden. Die Ergebnisse dieser Untersuchung dienen dann

[8]Der Prozess der Schemaintegration wird nur bei Integration weiterer Datenquellen und Hinzunahme von neuen Quellsystemen wiederholt.

als Entscheidungsgrundlage für ein binäres oder n-äre Integrationsverfahren von Schemata.

Beim Verfahren der binären Schemaintegration werden jeweils iterativ zwei Schemata gemäß Anforderungen, Präferenzen und Festlegungen vereinheitlicht bzw. zusammengeführt. Dagegen ermöglicht eine n-äre Schemaintegration die Zusammenführung und die Vereinheitlichung von mehreren Schemata in einem Schritt.

Datenbereinigung und Datensäuberung müssen vor jedem Ladevorgang (*Load*) der Daten in vorhandenen Datenbeständen des Data-Warehouse-Systems durchgeführt werden, um die erforderliche Datenqualität zu gewährleisten. Während der Datenbereinigung werden im Wesentlichen folgende Aktionen pro Datensatz durchgeführt:

- Zerlegung der Daten in einzelne Bestandteile (*Elementizing*)
  Die aus Datenquellen extrahierten Daten werden in ihre Bestandteile zerlegt. Beispielweise wird ein Feld wie Adresse in elementare Felder wie Ort, PLZ und Stadt zerlegt.
- Standardisierung (*Standardizing)*
  Unterschiedliche Formate und Schreibweisen werden vereinheitlicht und gemäß den Vorgaben auf eine Standardform abgebildet. Hierbei werden u.a. Abkürzungen aufgelöst und in eine einheitliche Standardform umgewandelt. Es werden u.U. Umrechnungen von Maßeinheiten vorgenommen oder teilweise anhand von Werten unterschiedlicher Attribute neue Berechnungen und Werte abgeleitet. Die unterschiedlichen Datumsangaben werden auch in ein vorab festgelegtes Standardformat konvertiert.

  Beispiel: m/w → male/female oder YYYY/MM/DD → DD.MM.YYYY
  11,5 km → 11 500 m oder 50 Yard → 45,72 m
- Plausibilitätsprüfung (*Verification*)
  Es wird geprüft, ob die Werte der einzelnen Bestandteile eines Datensatzes in sich widerspruchsfrei sind oder Konflikte aufweisen.
- Abgleich mit vorhandenen Daten (*Matching*)
  Ist ein Datensatz standardisiert, so soll dieser in vorhandene Daten des Data-Warehouse-Systems inhaltlich integriert werden. Dabei soll geprüft werden, ob in den vorhandenen Daten ein äquivalentes bzw. gleichwertiges logisches Objekt bereits existiert, das um diese Eigenschaft erweitert bzw. aktualisiert werden müsste.
- Gruppierung
  Ist ein Datensatz nach der Datenbereinigung in vorhandene Daten integriert worden, gilt es zu prüfen, ob der neu integrierte Datensatz mit bereits existierenden Objekten eine Gruppe bildet, z. B. Kundengruppe, oder eine existierende Gruppe erweitert.

Alle diese Schritte und Vorgänge müssen genaustens dokumentiert und ausführlich im Metadaten-Repositorium abgelegt und gespeichert werden.

Allgemein können folgende Anforderungen und Eigenschaften zur Einhaltung der Datenqualität im Kontext eines Data-Warehouse-Systems formuliert werden[9]:

- Einheitliche Datendefinition innerhalb der Organisation
  Die Definition und die Bedeutung sämtlicher Daten und Datenschemata sowie die Wertebereiche der Daten, die in einem Data-Warehouse-System abgelegt sind, sollen mit beteiligten Fachabteilungen abgestimmt und in ihrer Bedeutung und in ihrer Repräsentation einheitlich sein.
- Eindeutigkeit der Daten
  Datensätze können eindeutig interpretiert werden, indem Metadaten mit hoher Qualität als Grundlage dienen, die eine eindeutige Semantik und Auslegung ermöglichen.
- Übernahme der Detaildaten samt entsprechender Metadaten
  Zwar werden die Daten in einem Data-Warehouse-System oft in aggregierter und verdichteter Form zur Analyse herangezogen, dennoch sind die dazugehörigen Detaildaten in das Data-Warehouse-System zu integrieren und ggf. zu historisieren. Somit wird die Möglichkeit bewahrt, etwaigen auftretenden und erweiterten Analyseanforderungen zu genügen. Darüber hinaus wird die Nachvollziehbarkeit von Aussagen über aggregierte und verdichtete Daten gewährleistet.
- Genauigkeit
  Die Datenwerte liegen im vorgegebenen Detaillierungsgrad vor. Beispielsweise in der jeweils festgelegten Anzahl von Nachkommastellen oder hinreichend feiner Granularität der Umsatzdaten wie etwa der Tagesumsatz.
- Vollständigkeit
  Alle modellierten Entitäten kommen im Informationssystem vor und die Attribute eines Datensatzes haben Werte, die semantisch von dem Wert ‚unbekannt' abweichen.
- Aktualität
  Die Daten sind zeitnah und nicht veraltet.
- Relevanz
  Die Daten sollen dem vorgeschriebenen Zweck dienen, sodass aus deren Informationsgehalt der Informationsbedarf einer Anfrage ableitbar ist.
- Korrektheit
  Die Attributwerte eines Datensatzes samt den zugehörigen Metadaten entsprechen dem modellierten Sachverhalt aus der realen Welt.
- Konsistenz
  Die Datensätze bzw. deren Attributwerte sind widerspruchsfrei.
- Zuverlässigkeit
  Die Datensätze bzw. deren Attributwerte sind nicht unsicher und es besteht die Möglichkeit, deren Entstehung nachvollziehen zu können.

[9]Vgl. Lehner (2003, S. 135–138) und vgl. Bauer und Günzel (2004, S. 43–45).

8.3.3 Ladephase (Load)

Nachdem die extrahierten Daten bereinigt und transformiert wurden, werden sie in die Basisdatenbank und das Data Warehouse des Data-Warehouse-Systems geladen. Diese Rohdaten sind nicht voraggregiert und weisen in der Regel eine detaillierte Granularität auf. Das Datenmodell der Basisdatenbank ist auch nicht unbedingt zu Analysezwecken spezifiziert und entworfen worden. Während des Lagevorgangs sind die beteiligten Systeme gesperrt und entweder nicht oder nur eingeschränkt verwendbar. Darum muss die Ladekomponente höchste Performanz und Effizienz aufweisen, um die Sperrung bzw. den Ausfall der Systeme so kurz wie möglich zu halten. Von der Basisdatenbank werden dann die Daten in einem weiteren Ladevorgang in das Data Warehouse geladen, wodurch eine Aktualisierung und ggf. ein erneutes Berechnen und Ermitteln der vorher definierten materialisierten *Views* hinzukommen können.

Die Aktualisierung der materialisierten *Views* ist nicht trivial und verursacht ihrerseits zum Teil einen hohen Aufwand. Ein erneutes Berechnen von materialisierten *Views* ist nicht zu jeder Zeit möglich, da evtl. ein Zugriff auf die Datenquelle nicht immer erfolgen kann und so nicht alle notwendigen Informationen vorliegen. Zusätzlich kann die Neuberechnung von *Views* sehr aufwendig sein. Dies ist vor allem dann der Fall, wenn Verbund und Aggregationen zur Ermittlung von Daten der *Views* durchgeführt werden müssen.

Grundsätzlich wird zum einen zwischen dem erstmaligen initiierenden (initialen) Laden der Basisdatenbank und des Data Warehouse und deren weiteren regelmäßigen Aktualisierungen unterschieden und zum anderen zwischen Online- und Offline-Ladevorgängen. Während beim erstmaligen Laden alle relevanten Daten der Datenquellen und Quellsysteme zu laden sind, werden bei späteren regelmäßigen Aktualisierungen nur die modifizierten und geänderten Daten geladen (inkrementelles Laden). Wird ein Online-Ladevorgang durchgeführt, so steht die Basisdatenbank bzw. das Data Warehouse zur Ausführung der Anfragen zur Verfügung. Im Gegensatz dazu steht bei einem Offline-Ladevorgang die Basisdatenbank bzw. das Data Warehouse nicht mehr zur Verfügung.

Im Kontext des Data-Warehouse-Systems werden oft größere Datenmengen geladen. Daher ist es ratsam, spezielle Werkzeuge und Programme einzusetzen, die hierfür optimiert sind, und diese zu einem Zeitpunkt ausführen zu lassen, wo die Auslastung der Systeme am geringsten ist, wie etwa nachts oder an Wochenenden.

8.4 Die Architektur eines Data-Warehouse-Systems

Auf Basis der Referenzarchitektur wird nun eine detailliertere Architektur für ein Data-Warehouse-System präsentiert. Abbildung 8.3 zeigt die Architektur eines Data-Warehouse-Systems mit den beteiligten Komponenten, die in fünf übereinander liegenden Schichten unterteilt ist.

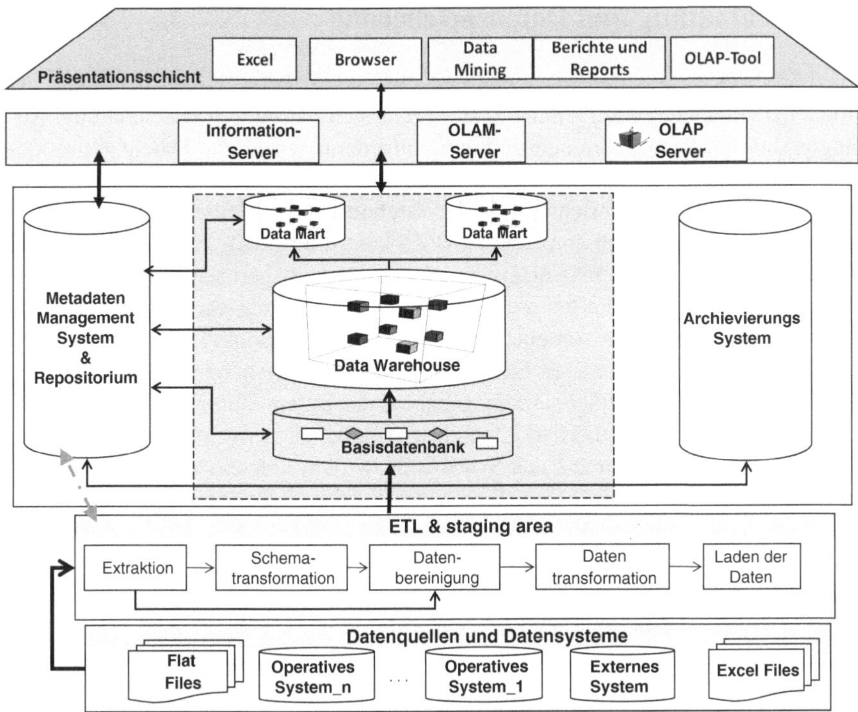

Abb. 8.3 Erweiterte Architektur für ein Data-Warehouse-System mit *Data Mart*

Die Datenquellen und Quellsysteme, die Data Warehouse mit Daten beliefern bzw. aus denen die Daten stammen, bilden die unterste Schicht. Auf der nächsten Ebene ist die Schicht des ETL-Prozesses und des Arbeitsbereichs (*Staging Area*) angesiedelt, die je nach Anforderung auf Daten und Datenbestände der Datenquellen und Quellsysteme zugreift bzw. die mit Daten aus Datenquellen und Quellsystemen beliefert wird. Die ETL- und die Staging-Area-Schicht liefern die Daten an die nächste Schicht, indem diese die extrahierten bereinigten und transformierten Daten in die Basisdatenbank lädt. Sie protokolliert die jeweiligen Ausführungen in das Metadatenmanagementsystem und bekommt von ihm Steuerungs- und Kontrollinformationen. Dieser Sachverhalt ist durch einen grünen doppelseitigen Strichpunktpfeil in Abbildung 8.3 dargestellt. Die mittlere Schicht ist die Kernschicht der Architektur und beinhaltet neben dem eigentlichen Data Warehouse, die Basisdatenbank, *Data Marts*, das Metadaten-Managementsystem, das Archivierungssystem und das Repositorium. Die vierte Schicht ist die Schicht zur Daten- und Informationsaufbereitung. Hier leisten u.a. OLAP- und OLAM- (*Online Analytical Data Mining*) Server ihre Dienste. Auf der obersten Schicht, der sogenannten Präsentationsschicht, laufen die Client-Applikationen und Frontend-Anwendungen, hierzu zählen die OLAP- und OLAM-Tools.

8.5 Datenhaltung und Datenspeicherung

Prinzipiell gibt es aus den logischen und physischen Perspektiven betrachtet die Möglichkeiten einer zentralen und einer dezentralen (verteilten) Datenhaltung. Abhängig von den Spezifikationen und den Anforderungen ist die Datenhaltung des Data-Warehouse-Systems entweder zentral oder dezentral (verteilt) ausgerichtet.

In einem zentral ausgerichteten Data Warehouse werden alle Daten logisch an einem Ort gespeichert und von einem DBMS kontrolliert und verwaltet. Die Daten müssen aber nicht physisch an einem bestimmten Ort gelagert sein, sondern können auch verteilt vorliegen. Hierbei muss dann aber eine zentrale Verwaltung und Kontrolle der verteilten Daten von einem verteilten Datenhaltungssystem sichergestellt sein. Die zentral ausgerichteten Data-Warehouse-Systeme haben einige Nachteile. Hierbei können aufgrund der starken Zunahme der Datenvolumina und der Anzahl der Benutzer schnell Skalierbarkeitsprobleme auftauchen, welche sich wiederum nachteilig auf die Performanz des Systems auswirken können. Zusätzlich ist eine zentrale Datenhaltung eines Data-Warehouse-Systems sehr komplex und anfällig für Fehler. Außerdem sind die Sicherheitsrisiken hoch und ein *Worst-Case*-Szenario kann theoretisch zu einem Desaster führen.

Die dezentrale Ausrichtung von Data-Warehouse-Systemen wird von vielen Unternehmen als bevorzugte Variante betrachtet. Ein Data-Warehouse-System, das dezentral ausgerichtet ist, beinhaltet mehrere kleine autonome Data Warehouses, die als *Data Mart* bezeichnet werden. Grundsätzlich wird zwischen abhängigen und unabhängigen *Data Marts* unterschieden. Während abhängige *Data Marts* mit extrahierten Daten aus einem zentralen integrierten Data Warehouse befüllt werden, sind die Daten der unabhängigen *Data Marts* Resultate eines direkten Extraktionszugriffs auf die Quelldaten und Quellsysteme.[10] Abbildung 8.4 zeigt die schematische Realisierung von (un) abhängigen *Data Marts*.

Jedes *Data Mart* weist eine eigene separate Datenhaltung auf und ist auf die Bedürfnisse und Interessen bestimmter Fachabteilungen zugeschnitten, die autonom für den Betrieb und für die Pflege des *Data* Marts verantwortlich sind. Ein *Data Mart* ist u.a. im Vergleich zu dem eigentlichen Data Warehouse durch einen deutlich kleineren, engeren Fokus, eine starke Orientierung an dem Anwendungsthema, die stark reduzierten Datenvolumina und die Ausrichtung auf bestimmte Benutzergruppen (Fachabteilung) charakterisiert. Der große Nachteil von *Data Marts* ist das Abhandenkommen der integrierten unternehmensweiten Sichtweisen, wodurch die bereichsübergreifenden Analysen erheblich eingeschränkt und erschwert werden. Der Vorteil, der mit dem Einsatz von *Data Marts* einhergeht, ist weitgehende Anpassung der Datenmodelle und Datenbestände an die fachliche, organisatorische und technische Gegebenheiten so, dass die Notwendigkeit eines direkten Zugriffs mittels *Views* auf das Data Warehouse entfällt. Die Datenhaltung eines *Data Marts* kann sowohl auf Basis der relationalen als auch von multidimensionalen Datenbanken erfolgen. Die Daten der *Data Marts* stammen in der Regel aus den Daten des Data

[10] Vgl. Kudraß (2007, S. 432f).

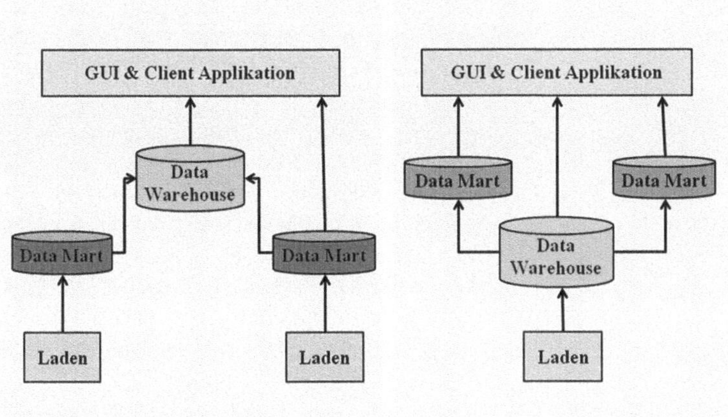

Abb. 8.4 (*links*) unabhängige und (*rechts*) abhängige *Data Marts* (Kudraß, 2007, S. 434)

Warehouse, die themenspezifisch auf eine bestimmte Gruppe vorbereitet sind. Diese Daten können z. B. Ausschnitte aus dem Data Warehouse sein, die nur spezielle Produktgruppen oder nur ein bestimmtes Zeitintervall beinhalten. Beispielweise können Fondsmanager und die Fachgruppen im Rahmen des Risikomanagements zur Fondsverwaltung die relevanten Daten und Informationen aus einem *Data Mart* beziehen.

Kapitel 9
Optimierung

Multidimensionale Anfragen, die an ein Data Warehouse gerichtet sind, bestehen meist aus Aggregationen von bestimmten Daten. Die Ausführung dieser Anfragen führt dazu, dass aus den u.U. sehr großen detaillierten Datenbeständen bestimmte, in den Dimensionen eingeschränkte Datenbereiche selektiert werden. Das Problem hier ist, dass die Ausführungszeiten solcher Aggregationsanfragen auf große Datenbestände und Datenmenge sehr lange dauern. Um eine Aggregationsanfrage zu beantworten, müssen teilweise die gesamten Datenbestände gelesen werden. So ein Lesezugriff kann sehr lange dauern, der im Rahmen des OLAP nicht akzeptabel ist.

Innerhalb einer multidimensionalen Anfrage wird die Ergebnisstruktur oder der Ergebnisraum durch Einschränkungen von Dimensionen definiert. Man kann teilweise anhand der Einschränkungen einer, einiger oder aller Dimensionen unterschiedliche Anfragetypen beschreiben.[1] Unterliegen alle Dimensionen einer multidimensionalen Anfrage Restriktionen, die durch ein Intervall in jeder Dimension definiert sind, so heißt die Anfrage „Bereichsanfrage". Sollten nur einige der definierten Dimensionen durch ein Intervall eingeschränkt sein, so bezeichnet man die Anfrage als eine „partielle Bereichsanfrage". Sind nur einige der festgelegten Dimensionen auf einen Punkt eingeschränkt, so wird die Anfrage als „Partial-Match-Anfrage" bezeichnet. Sind alle definierten Dimensionen auf einen Punkt eingeschränkt, so wird die Anfrage als „Punktanfrage" bezeichnet. Es existieren zusätzlich komplexe Anfragen, die nicht anhand von Einschränkungen der Dimensionen charakterisiert werden können. Abbildung 9.1 gibt eine einfache Übersicht über die multidimensionalen Anfragetypen und deren etwaige geometrische Darstellung der berechneten Ergebnisstrukturen. Die Unterscheidung und Charakterisierung von Anfragetypen leistet große Hilfe bei der Auswahl des jeweils richtigen Optimierungsansatzes.

Eine effiziente Verarbeitung von komplexen SQL-Anfragen und SQL-Erweiterungen um neue Aggregations-Operatoren, Iteration oder Standardabweichung, effiziente Berechnung von Cube-Operator und spezielle *Joins* zur Berechnung des Verbundes einer Faktentabelle mit mehreren Dimensionstabellen sind wesentliche Voraussetzungen für den Erfolg eines Data-Warehouse-Systems.

[1] Vgl. Bauer und Günzel (2004, S. 253–255).

K. Farkisch, *Data-Warehouse-Systeme kompakt*, Xpert.press,
DOI 10.1007/978-3-642-21533-9_9,

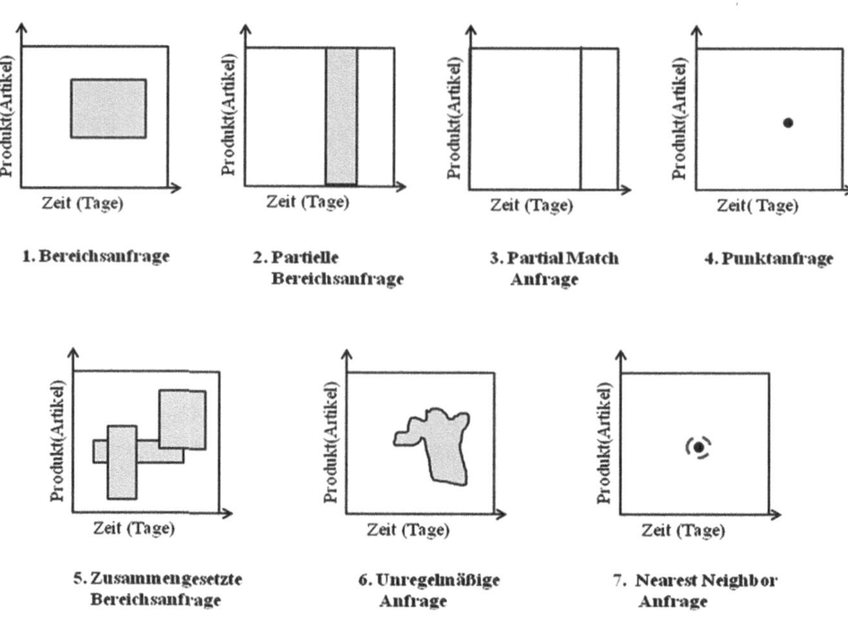

Abb. 9.1 Übersicht der multidimensionalen Anfragetypen (nach Bauer und Günzel)

Um die Performanz der Ausführung von Aggregationsanfragen zu steigern, müssen Optimierungsmaßnahmen durchgeführt werden. Die Optimierungsmaßnahmen lassen sich sowohl bei der Ausformulierung von Anfragen[2] als auch konzeptionell beim Data Warehouse durchführen. Die wesentlichen Optimierungsmaßnahmen, die im Rahmen des Data Warehousing anfallen, umfassen die speziellen Implementierungstechniken und spezifischen Indexstrukturen und File-Organisationsformen, Techniken zur Partitionierung und/oder Kompression der Daten zur Reduzierung des Speicherplatzbedarfs, Definition und Einführung von materialisierten *Views* sowie deren Aktualisierungen, die im Folgenden genauer besprochen und dargestellt werden.

9.1 Indizes und Indexstrukturen

Ein Index ermöglicht eine effiziente und schnelle Suche und ein Auffinden von Datensätzen anhand inhaltlicher Kriterien, ohne alle Datensätze sequenziell durchlaufen und überprüfen zu müssen, indem anwendungsspezifische Schlüsselwerte

[2]Schlecht formulierte Anfragen können durchaus zu erheblichen Performanzeinbußen bei den Datenbanken führen und teilweise eine vertretbare Reaktionszeit seitens DBMS verhindern. Diese Problematik wurde in bestehenden Projekten bereits beobachtet und hatte teilweise zur Konsequenz, dass die Verantwortlichen den Anwendern die Möglichkeit Ad-hoc-Anfragen zu formulieren, wieder entzogen.

(z. B. Artikel = Sparbuch) auf interne Satzadressen abgebildet werden. Eine interne Satzadresse, die auch als *Row Identifier* (RID) bezeichnet wird, identifiziert eindeutig einen Datensatz unabhängig von dessen konkreten Speicheradressen. Die Abbildung von anwendungsspezifischen Schlüsselwerten beinhaltet grundsätzlich zwei Aktivitäten, die Schlüsseltransformation und den Schlüsselvergleich. Die Schlüsseltransformation besteht aus der Anwendung einer Hashfunktion auf den Schlüsselwert, wodurch der Schlüsselwert idealerweise auf die zutreffenden Satzadressen abgebildet wird.

Im Rahmen eines Data-Warehouse-Systems ist die Anzahl der Datensätze der Faktentabellen so groß – meist über mehrere Millionen Datensätze – dass es nicht möglich ist, zur Beantwortung jeder Anfrage einen *Full Table Scan* durchzuführen bzw. die gesamten Daten der Tabelle sequenziell zu lesen und auszuwerten. Durch Definition und den Einsatz von Indizes und Indexstrukturen kann man die Anzahl der Lesezugriffe bzw. die Anzahl der zu lesenden Datenseiten minimieren und einen *Full Table Scan* umgehen.

Indizes erlauben einen direkten Zugriff auf die gewünschten Daten und bieten weitere Potenziale zur Optimierung sowie Performanzsteigerungen bei der Ausführung von multidimensionalen Anfragen. Es lässt sich zwischen eindimensionalen und mehrdimensionalen Indizierungstechniken und Indexstrukturen unterscheiden.

9.1.1 Eindimensionale Indexstrukturen

Eine Indexstruktur heißt eindimensional, wenn der Index über ein Attribut definiert ist. Hierzu zählen B-Baum und B*-Baum. Klassische Indexverfahren, die baumstrukturiert sind, verwenden bei der Suche den B-Baum oder B*-Baum.

Eindimensionale Indexstrukturen können sowohl als Primär- oder Sekundärindexe definiert sein. Während ein eindimensional strukturierter Primärindex die Tupel (Datensätze) einer Relation in einem Baum organisiert und speichert, werden durch eindimensional strukturierte Sekundärindexe nur die TID (*Tupel Identifier*) im Baum gespeichert.

Jeder Knoten eines B-Baumes enthält einen Schlüsselwert und jeder linke Unterbaum beinhaltet Knoten mit kleineren Schlüsselwerten und jeder rechte Unterbaum beinhaltet Knoten mit größeren Schlüsselwerten. Um einen bestimmten Schlüsselwert aufzufinden, muss man lediglich dem entsprechenden Pfad folgen.

Beim Schlüsselvergleich greift man auf das Prinzip eines Entscheidungsbaums zurück, dessen einzelne Knoten als Verzweigungskriterium für den Schlüsselwert dienen. Beim Zugriff auf einen Schlüsselwert wird von der Wurzel aus der gesuchte Schlüsselwert mit dem jeweiligen Knotenwert verglichen. Ist der gesuchte Schlüsselwert größer als der Knotenwert, so wird im rechten Unterbaum rekursiv weitergesucht. Ist der gesuchte Schlüsselwert kleiner als der Knotenwert, so wird im linken Unterbaum rekursiv weitergesucht. Durch die Verallgemeinerung des Binären-Suchbaums erreicht man Mehrwegbäume (B*-Baum), wo jeder Knoten mehrere Verzweigungsinformationen enthält und die maximale Größe eines Knoten durch Blockgröße des physischen Speichermediums begrenzt ist.[3] Im Allgemeinen eignet sich der B*-Baum sehr gut zur Indexierung von Attributen, die einzelne Datensätze möglichst präzise charakterisieren. Jeder Knoten eines B-Baums mit der Ordnung d umfasst maximal $2d$-Schlüsselwerte und $2d + 1$-Zeiger auf den nachfolgenden Knoten. Außer Wurzelknoten hat jeder Knoten mindestens d-Schlüsselwerte und $d + 1$-Nachfolgerknoten. Ein B-Baum ist immer ausbalanciert und alle Pfade von der Wurzel bis zu den Blättern sind stets gleich lang. Ein wichtiges Merkmal des B-Baums ist, dass jeder Knoten und jedes Blatt einer Seite des Sekundärspeichers entspricht. Somit können alle Daten, die in einem Knoten oder in einem Blatt abgespeichert sind, mit einem einzigen Zugriff auf den Sekundärspeicher ausgelesen werden.

Im Kontext eines Data-Warehouse-Systems mit dem Star- oder Snowflake-Schema wird zwischen einer Indexierung von Dimensionstabellen und einer Indexierung der Faktentabellen unterschieden. Die Attribute einer Dimensionstabelle können grundsätzlich als zusätzliche Indexstrukturen verwendet werden, um den über Prädikate definierten Zugriff auf die Faktentabelle anhand der Dimensionsattribute zu steuern. Die Verwendung des B*-Baums führt aber aufgrund der geringen Kardinalität der Dimensionsattribute meist zu Indizes geringer Selektivität, welche wiederum vom DBMS bei einem eventuellen Zugriff nicht berücksichtigt werden können, weil in diesem Fall ein direktes Lesen aller Blöcke deutlich günstiger ist als eine Umleitung des Zugriffs über Indexstrukturen auf dimensionale Attribute.

Die Indexierung der Faktentabelle im Kontext eines Data-Warehouse-Systems führt zu einer effizienteren Ausführung von Anfragen, da in jeder Anfrage zur Berechnung von Kennzahlen die Faktentabelle referenziert wird. Allerdings muss ein zusammengesetzter Index über alle Schlüsselattribute definiert werden, damit auch auf einzelne Fakten zugegriffen werden kann. Ist die Anzahl der Attribute der Faktentabelle gering, so kann ein Index über Schlüsselattribute der Faktentabelle beinahe so groß werden wie die Faktentabelle selbst. Außerdem spielt die Reihenfolge der Attribute, über die ein Index definiert wird, eine große Rolle, d. h., die B*-Baum-Indexstrukturen sind in der Ordnung sensitiv.

Bei der Verwendung von B*-Baumstrukturen im Kontext von Data-Warehouse-Systemen ist zu beachten, dass bei den Dimensionstabellen nur die Attribute zu indexieren sind, die eine große Anzahl unterschiedlicher Instanzen aufweisen und bei der Faktentabelle möglichst nur Indexstrukturen über die einzelnen Attribute des kompositen Primärschlüssels bilden. Die eindimensionalen Indexstrukturen wie beispielweise B*-Baumstrukturen bieten unzureichende Unterstützung bei multidimensionalen Anfragen. Dennoch können sie bei multidimensionalen Anfragen zur Anwendung kommen, falls für jedes in der multidimensionalen Anfrage beteiligte Attribut ein B*-Baum als Sekundärindex definiert wird. Dann kann für jedes Attribut gemäß der Anfragerestriktion die Menge der TID der Tupel getrennt ermittelt werden, die der Restriktion genügen. Aus den voneinander unabhängig ermittelten

[3] Vgl. Lehner (2003, S. 302–304).

TID-Mengen wird der Schnitt berechnet. Die zugehörigen Tupeln zur jeweiligen TIDs dieser Schnittmenge bilden dann das Ergebnis der multidimensionalen Anfrage.

Die B*-Baum-Indexstrukturen werden in fast allen RDBMS eingesetzt. Sie sind unabhängig vom Datentyp und deren Aktualisierung.

Es existieren effiziente Techniken und Algorithmen zur Erzeugung und zur Verwaltung von B*-Baum-Indexstrukturen, die aber den Nachteil haben, dass zum einen die (Index-) Definition über ein Attribut mit geringer Kardinalität zu einer Indexstruktur mit geringer Selektivität führt (Entartung), und zum anderen sind diese Algorithmen bei einer (Index) Definition über zusammengesetzte Attribute abhängig von der Reihenfolge der Attribute.[4] Die B*-baumstrukturierte Indexierung und Indizes spielen für Data-Warehouse-Systeme aus oben genannten Gründen eine untergeordnete Rolle.

9.1.2 Multidimensionale Indexstrukturen

Dabei handelt es sich um R-Baum-, UB-Baum- (unbalancierte Baum) und Bitmap-Indizes.

Der R-Baum und der UB-Baum können als multidimensionale Verallgemeinerung des B*-Baums betrachtet werden.

Der R-Baum dient der Indexierung multidimensionaler Punkt- und/oder räumlicher Daten, indem bei der Indexerstellung gleich mehrere Dimensionen (Attribute) berücksichtigt werden. Jeder Knoten eines d-dimensionalen R-Baums kann maximal $2d + 1$ Indexeinträge speichern und beinhaltet mindestens $d + 1$ Einträge. Ein d-dimensionaler Baum benutzt d-dimensionale Intervalle (Rechtecke, Quader) zur Indexierung des Datenraumes. Die Blatteinträge eines R-Baums haben die Form (I, TID) mit I als ein d-dimensionales Intervall. Die Knoteneinträge eines R-Baums haben die Form (I, CP), wobei I ein d-dimensionales Intervall ist, das sämtliche Intervalle der nachfolgenden Knoten enthält (*minimum bounding box*), und CP (*Child Pointer*), der ein Zeiger auf einen Nachfolgerknoten repräsentiert. In Abb. 9.2 ist ein einfacher R-Baum dargestellt.

Ein UB-Baum teilt den Datenraum anhand einer sogenannten Z-Kurve in disjunkte Teilräume auf. Die Attribute, die zur Indexierung herangezogen werden, spannen einen multidimensionalen Raum auf. Jeder Punkt dieses aufgespannten Raumes wird mit Hilfe der Z-Kurve auf einen skalaren Wert, den Z-Wert, abgebildet. Die Z-Werte werden in einem B*-Baum als Schlüssel zur Indexierung verwendet. Ein Vorteil des UB-Baums ist, dass die Z-Werte sich ja auch effizient

---

[4]Es sei an dieser Stelle erwähnt, dass bestimmte RDBMS wie Oracle 9i selbst dann einen zusammengesetzten Index zur Suche nutzen, wenn das erste Attribut nicht in der Selektionsbedingung der Anfrage vorhanden ist (Index Skip Scan). Darüber hinaus ist durch weitere Erweiterungen und spezielle herstellerspezifische Features der Versuch unternommen worden, die Nachteile von B*-Baum-Indexstrukturen zum Einsatz in Data-Warehouse-Systemen zu minimieren.

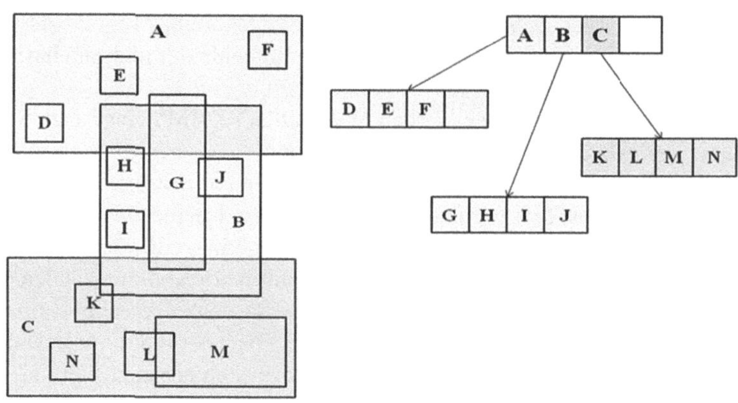

Abb. 9.2 Beispiel für einen R-Baum

(in linearer Zeit) berechnen lassen. Zur Berechnung der Z-Werte werden Basisintervalle jeder Dimension binär durchnummeriert. Durch das Verschränken der Bits (*Bit Interleaving*) ergibt sich dann der jeweilige Z-Wert.

Das wesentliche Merkmal eines UB-Baums besteht in der Serialisierung anhand von Z-Regionen. Eine Z-Region ist der Teil des multidimensionalen Raumes, der durch ein Intervall $[a, b]$ von Z-Werten definiert ist. Der UB-Baum wird bei mehrdimensionalen Bereichsanfragen beispielsweise für mehrdimensionale hierarchische *Clustering* benötigt, um ausgehend von einem in der Datenstruktur angetroffenen Z-Wert, den nächsten zu finden, der innerhalb des mehrdimensionalen Suchbereichs liegt. Die Verwendung von UB-Baum als mehrdimensionaler Index führt zur Reduzierung der Anzahl der Seitenzugriffe während der Ausführung einer Bereichsanfrage. Vielfach ist in der Praxis erwünscht, dass sämtliche in der Faktentabelle enthaltene Tupel, die einem Bereich angehören, physisch möglichst auf den gleichen Seiten abgespeichert werden. Dieses Ziel wird durch die Gruppierung von mehreren Hierarchien, die jeweils durch funktionale Abhängigkeiten abgebildet sind, realisiert.[5]

9.2 Die Bitmap-Indizierungstechniken

Bitmap-Indexierung basiert auf der Idee, die Zuordnungen der Tupeln zu Attributwerten über ein Bit-Array zu codieren. Ein Bitmap-Index wird im Prinzip dadurch realisiert, dass der Tupel-Identifier für einen Schlüsselwert im B*-Baum durch ein Bit-Array ersetzt wird. Dies führt zwar zu einem geringeren Speicherbedarf, verursacht zugleich aber einen höheren Aktualisierungsaufwand. Der Bitmap-Index ermöglicht eine einfachere Unterstützung von Anfragen, in denen nur einige der indexierten Dimensionen beschränkt sind.

[5] Vgl. Markl et al. (kein Datum).

9.2.1 Standard-Bitmap-Index

Bei einer Standard-Bitmap-Indizierung wird jede Dimension separat gespeichert und für jede Ausprägung eines Attributs wird ein Bitmap-Vektor erzeugt, wobei jedes Tupel durch ein Bit repräsentiert wird, das auf 1 gesetzt wird, wenn das indexierte Attribut in dem Tupel den Referenzwert dieses Bitmap-Vektors enthält. Die Anzahl der erzeugten Bitmap-Vektoren pro Dimension entspricht der Anzahl der unterschiedlichen Werte, die für ein Attribut vorkommen.

Der Vorgang der Standard-Bitmap-Indizierung wird anhand folgenden Beispiels erläutert. Betrachten wir eine Relation ‚Kundenauftrag', wie in Tabelle 9.1 dargestellt, wobei die Tabelle ausgefüllt ist und keine undefinierten Werte (Null-Werte) vorhanden sind bzw. nur bereinigte Daten vorkommen. Die Indizierung der Relation ‚Kundenauftrag' von den zwei Attributen Kundengruppe und Auftragsquartal unter Verwendung von Bitmap-Indizes findet wie folgt statt.

Tabelle 9.1 Beispiel für die Relation ‚Kundenauftrag'

Kunden_ID	Kundenname	Kundengruppe	Auftragsquartal
1001	Siemens AG	Firma	2
1002	Hans Mustermann	Privat	2
1003	Bayer AG	Firma	3
1010	Deutsche Börse AG	Firma	1
1100	Deutsche Post AG	Firma	4
1400	Barack Obama	Privat	2
1200	Andrea Musterfrau	Privat	4

Grundsätzlich wird durch die Bitmap-Indizierung für jede Ausprägung eines Attributs ein Bitmap-Vektor erzeugt, der aus so vielen Bits besteht wie die indizierten Tupeln. Zuerst wird ein Bitmap-Index für das Attribut ‚Kundengruppe' aufgebaut. Dabei wird für jede Ausprägung des Attributs ‚Kundengruppe' (in diesem Fall Privatkunde oder Firmenkunde) ein sogenannter Bitmap-Vektor erzeugt. Also wird ein Bitmap-Vektor B_P generiert, der für jeden Privatkunden den Wert 1 und für jeden Firmenkunden den Wert 0 aufweist. Der zweite generierte Bitmap-Vektor B_F (für die zweite vorhandene Ausprägung) weist für jeden Privatkunden den Wert 0 und für jeden Firmenkunden den Wert 1 auf.

Tabelle 9.2 illustriert diesen Sachverhalt. Bei einer Suche nach allen möglichen Firmenkunden werden alle Tupel selektiert, für die Bitmap-Vektor B_F den Wert 1 aufweist.

Die meisten Attribute einer Relation haben jedoch in der Regel mehr als zwei Ausprägungen, wie z. B. das Attribut Auftragsquartal, das vier unterschiedliche Ausprägungen aufweist, nämlich für das erste bis vierte Quartal, die mit Ziffern von 1–4 kodiert werden und für die vier Bitmap-Vektoren B_{Q1}, B_{Q2}, B_{Q3} und B_{Q4} zu generieren sind, wie in der Tabelle 9.3 dargestellt wird.

Daraus folgt, dass durch Standard-Bitmap-Indizierung von den zwei Attributen ‚Kundengruppe' (zwei Ausprägungen) und ‚Auftragsquartal' (vier Ausprägungen)

Tabelle 9.2 Standard-Bitmap-Index mit zwei Bitmap-Vektoren

				B_P	B_F
Kunden_ID	Kundenname	Kunden-gruppe	Auftrags-quartal	Private Kunden	Firmen-kunden
1001	Siemens AG	Firma	2	0	1
1002	Hans Mustermann	Privat	2	1	0
1003	Bayer AG	Firma	3	0	1
1010	Deutsche Börse AG	Firma	1	0	1
1100	Deutsche Post AG	Firma	4	0	1
1400	Barack Obama	Privat	2	1	0
1200	Andrea Musterfrau	Privat	4	1	0

Tabelle 9.3 Standard-Bitmap-Index mit vier Bitmap-Vektoren

	B_{Q1}	B_{Q2}	B_{Q3}	B_{Q4}
Quartal	1. Quartal	2. Quartal	3. Quartal	4. Quartal
2	0	1	0	0
2	0	1	0	0
3	0	0	1	0
1	1	0	0	0
4	0	0	0	1
2	0	1	0	0
4	0	0	0	1

insgesamt sechs Bitmap-Vektoren erzeugt werden. Für die Relation ‚Kundenauftrag' ist dieser Sachverhalt in Tabelle 9.4 anschaulich dargestellt.

Zur Beantwortung einer Anfrage nach allen Tupeln der Privatkundenaufträge im zweiten Quartal werden die Bitmap-Vektoren B_P und B_{Q2} geladen und bitweise konjunktiv verknüpft, und für jede 1 im Ergebnisvektor wird das entsprechende Tupel selektiert. Hierbei muss zunächst auf die selektierten Tupel zugegriffen werden und die selektierten Tupel vom Sekundärspeicher geladen werden. Bei großen Ergebnismengen dauert das Laden der Tupel u.U. sehr lange, weil die Tupel nicht nach dem Bitmap-Index organisiert und abgespeichert sind. Diese Tatsache stellt klar, dass die Bitmap-Indizes sinnvollerweise dann eingesetzt werden sollten, wenn die Ergebnismenge eine hohe Selektivität aufweist. Mit anderen Worten, der Einsatz von Bitmap-Indizes macht dann Sinn, wenn die Ergebnismenge im Vergleich zur Gesamtmenge der Tupel klein ist. Dieser Sachverhalt ist in der Tabelle 9.5 dargestellt.

Bei einer Anfrage nach der Anzahl von Privatkundenaufträgen im zweiten Quartal muss lediglich die Anzahl der Einsen im Ergebnisvektor gezählt werden. Standard-Bitmap-Indizes sind effizient implementierbar. Das Laden der Bitmap-Vektoren und das Ausführen der benötigten Operationen können effizient auf einem Rechner erfolgen. Der Nachteil der Standard-Bitmap-Indizes ist es, dass für jede Ausprägung eines Attributes ein Bitmap-Vektor erzeugt werden muss,

Tabelle 9.4 Die Relation ‚Kundenauftrag' mit sechs erzeugten Bitmap-Vektoren

				B_P	B_F	B_{Q1}	B_{Q2}	B_{Q3}	B_{Q4}
Kunden_ID	Kundenname	Kundengruppe	Auftrags-quartal	Private Kunden	Firmen-kunden	1. Quartal	2. Quartal	3. Quartal	4. Quartal
1001	Siemens AG	Firma	2	0	1	0	1	0	0
1002	Hans Mustermann	Privat	2	1	0	0	1	0	0
1003	Bayer AG	Firma	3	0	1	0	0	1	0
1010	Deutsche Börse AG	Firma	1	0	1	1	0	0	0
1100	Deutsche Post AG	Firma	4	0	1	0	0	0	1
1400	Barack Obama	Privat	2	1	0	0	1	0	0
1200	Andrea Musterfrau	Privat	4	1	0	0	0	0	1

Tabelle 9.5 Bitweise konjunktive Verknüpfung von Bitmap-Vektoren

Private Kunden B_P	2. Quartal B_{Q2}	Ergebnis (UND-Verknüpfung) $B_P \wedge B_{Q2}$
0	1	0
1	1	1
0	0	0
0	0	0
0	0	0
1	1	1
1	0	0

welcher für viele Anwendungen einen hohen und nicht zu bewerkstelligenden Speicheraufwand mit sich bringt.[6] Ein weiterer Nachteil des Standard-Bitmap-Indexes besteht in der mangelhaften Unterstützung der Bereichsanfragen. Um diesen Nachteil zu beheben, existieren weitere Verfeinerungen und Variationen der Bitmap-Indizierung wie z. B. Mehrkomponenten, bereichscodierte, intervallcodierte und Mehrkomponenten-bereichskodierte-Bitmap-Indizes. Von den erwähnten Variationen kommt der Mehrkomponenten-Bitmap-Index mit den wenigsten Leseoperationen aus und eignet sich gut für Punktanfragen. Für Bereichsanfragen eignen sich besonders die bereichscodierten und intervallcodierten Bitmap-Indizes.[7]

9.3 Partitionierung

Das Konzept der Partitionierung ermöglicht eine effizientere Organisation der Daten innerhalb einer Datenbank. Die Technik der Partitionierung bietet die Aufteilung einer umfangreichen Masterrelation (auch als Master-Tabelle bezeichnet) in einzelne kleinere Teilrelationen (Partitionen). Die Teilrelationen können einzeln und unabhängig voneinander gelesen und/oder geschrieben werden. Die Masterrelation R wird vollständig in mehrere paarweise disjunkte Teilrelationen $R_1, R_2, \ldots, R_n$ aufgeteilt:

$$R = R_1 \cup R_2 \cup \cdots \cup R_n; \text{ mit } i \neq j \text{ und } R_i \cap R_j = \emptyset.$$

Durch Partitionierung können erhebliche Performanzsteigerungen in den folgenden Bereichen erzielt werden:

- Management von großen Tabellen
  Mit Hilfe der Partitionierungstechnik sind Hinzufügen und Löschen einzelner Partitionen durch DDL-Befehle ohne Änderungen am eigentlichen Datenbestand möglich.

[6] Vgl. Bauer und Günzel (2004, S. 269–272).

[7] Vgl. Bauer und Günzel (2004, S. 276).

- Überspringen von Partitionen bei der Anfrageauswertung
  Unterliegt eine Anfrage einer Restriktion, die als Partitionierungskriterium definiert ist, dann wird zur Beantwortung der Anfrage lediglich die entsprechende Partition ausgewertet und nicht die gesamte Tabelle.
- Ausnutzung paralleler Datenbank- und Systemarchitektur
  Die Partitionierung erlaubt weitere systemtechnische Optimierungspotenziale, z. B. können die einzelnen Partitionen auf verschiedene Festplatten verteilt werden, um später bei einer Auswertung parallel auf diese zugreifen zu können.

Im Allgemeinen wird zwischen horizontaler und vertikaler Partitionierung unterschieden. Bei einer horizontalen Partitionierung werden die Datensätze einer Datenbanktabelle auf verschiedene, paarweise disjunkte Teiltabellen aufgeteilt. Die Attribute aller Partitionen (Teiltabellen) stimmen mit denen der Master-Tabelle überein und die Partitionen sind über Restriktionen der Master-Tabelle definiert. Hier wird die Master-Tabelle über die Vereinigung der Partitionen rekonstruiert.

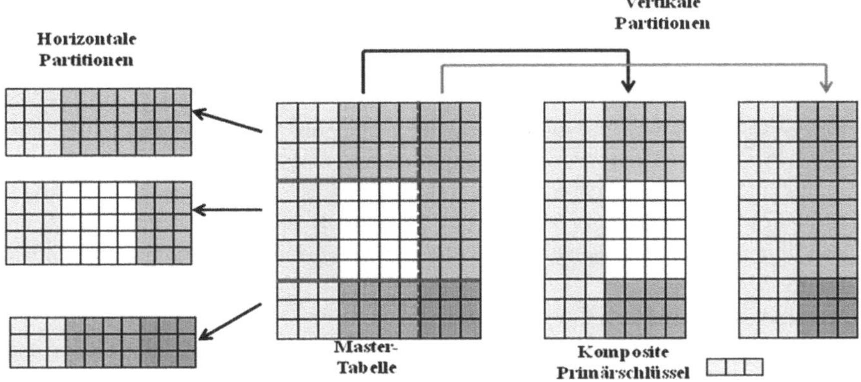

Abb. 9.3 Schematische Darstellung horizontaler und vertikaler Partitionierung (nach Bauer und Günzel)[8]

Bei einer vertikalen Partitionierung werden die einzelnen Attribute von der Master-Relation getrennt, um z. B. Attribute, die nur selten in einer Anfrage referenziert werden, in einer Teiltabelle separat zu halten. Hier sind die Partitionen über Projektionen der Master-Tabelle definiert. Die Primärschlüssel in den Partitionen sind die gleichen wie in der Master-Tabelle und die Anzahl der Datensätze in den Partitionen sind gleich groß. Zur Identifizierung der einzelnen Datensätze dürfen nur Schlüsselattribute verwendet werden. Bei einer vertikalen Partitionierung wird die Master-Tabelle durch den Verbund (*Join*) von Partitionen rekonstruiert.

Im Rahmen eines Data-Warehouse-Systems und zum Aufbau analyseorientierter Datenbestände ist von entscheidender Bedeutung, welche Methode der Partitionierung eingesetzt wird, um Relationen bzw. Tabellen in einzelne Partitionen

[8] Vgl. Bauer und Günzel (2004, S. 277).

aufzuteilen. Die wichtigsten Methoden zur Partitionierung werden nachfolgend aufgezählt und kurz dargestellt:

1. Range-Partitionierung
   Range-Partitionierung ist die am meisten verwendete Methode zur Partitionierung. Hierzu werden die Werte oder Wertintervalle eines Tabellenattributs als Partitionierungskriterium verwendet. Die Aufteilung der Datensätze auf die jeweiligen Partitionen wird dann durch die Überprüfung und den Vergleich der entsprechenden Attributwerte der Datensätze mit dem Partitionierungskriterium vorgenommen.
2. List-Partitionierung
   Hierbei dient eine diskrete Werteliste als Partitionierungskriterium und die Partition wird anhand dieser diskreten Werteliste bestimmt und definiert, auf die die Datensätze verteilt sind.
3. Hash-Partitionierung
   Die Hash-Partitionierung teilt die Daten unter Verwendung einer Hashfunktion auf. Der Aufteilung liegt eine mathematische Hashfunktion zugrunde, daher spielen inhaltliche Kriterien und die Semantik der Daten keine Rolle. Die Hashfunktion wird auf jeden einzelnen Datensatz der Master-Tabelle angewandt. Das Resultat der Anwendung der Hashfunktion auf den Datensatz bestimmt, in welche Partition der Datensatz eingeordnet werden soll.
4. kombinierte Range-Hash-Partitionierung
   Bei dieser kombinierten Methode wird zunächst eine Range-Partitionierung eingeführt, die dann als nächstes durch die Definition einer Hashfunktion verfeinert wird.
5. kombinierte List-Hash-Partitionierung
   Bei dieser kombinierten Methode wird im ersten Schritt eine List-Partitionierung vorgenommen, die dann im zweiten Schritt durch die Definition einer Hashfunktion verfeinert werden kann.

Zusammengefasst unterstützen die Methoden der Partitionierung interne organisatorische Optimierungen zur Laufzeit und stellen flexible Techniken zum Aufbau und Management großer nicht nur analyseorientierter Datenbestände zur Verfügung.

9.4 *Views* und materialisierte *Views*

Views oder Sichten ermöglichen die Strukturierung und Präsentation einer Datenbank. Ein *View* wird gemäß definierter Vorschriften aus einer gespeicherten Datenbank berechnet und enthält Daten dieser Datenbank. *Views* erlauben es, Teile der Daten einer Datenbank auszublenden, z. B. aus Sicherheitsvorschriften oder aus Gründen der Zugriffsberechtigungen oder zur übersichtlichen und einfacheren Darstellung. *Views* haben folgende Vorteile, welche den weitverbreiteten Einsatz im Rahmen eines Data-Warehouse-Systems begründen:

- Vereinfachen von Anfragen
  Oft benötigte Anfragen oder Teilanfragen können als *Views* implementiert und in der Datenbank abgelegt werden.
- Strukturierung der Datenbank
  Datenbanken sind meist komplexer und unübersichtlicher Natur. *Views* schaffen Strukturen angepasst an die Benutzeranforderungen.
- Logische Datenunabhängigkeit
  Die Daten eines *Views* sind von den Modifikationen der Datenbank nicht betroffen. Somit kann ein *View* als eine stabile Schnittstelle für die weiteren Applikationen dienen.
- Zugriffskontrolle
  Mit Hilfe von *Views* können die Zugriffe auf Daten und Teile der Datenbank kontrolliert und gesteuert werden.

Im Rahmen eines Data-Warehouse-Systems sind die verwendeten Star- oder Snowflake- Schemata zur Analyse und zur Auswertung von aggregierten Daten optimiert. Ein typisches Merkmal solcher Analysen ist es, dass viele gleiche oder ähnliche Anfragen in Bezug auf dieselben Relationen wiederholt auszuführen sind. Hier schaffen die Definition und der Einsatz von *Views* eine große Erleichterung und Vereinfachung bei der Formulierung von zum Teil sehr komplexen Anfragen. Nun führen die Anfragen im Kontext der Datenanalyse nur lesende Zugriffe aus. Angesichts der Tatsache, dass hierbei die Daten selten geändert werden, und zur Erhöhung der Performanz und Reduzierung von Berechnungsaufwänden der häufig gleichen oder ähnlichen Analyseanfragen ist es sinnvoll, materialisierte *Views* einzuführen. Die Technik der Materialisierung ist ein Optimierungsprozess, um Bestandteile der häufig ausgeführten bzw. auszuführenden Datenbankanfragen zu erkennen, diese einmalig zu ermitteln und vorzurechnen, die Ergebnisse dann zu speichern, und anhand dieser gespeicherten Ergebnisse (Materialisierung) zur Laufzeit die Datenbankanfragen zu beantworten, anstatt auf die eigentlichen Daten zuzugreifen.[9]

Im Allgemeinen können drei Gruppen von Materialisierungen identifiziert werden:

- Materialisierung von Verbundoperationen (*materialized join view*)
- Materialisierung von Aggregationsoperationen (*materialized aggregate view*)
- Materialisierung der Kombination von Verbund- und Aggregatoperationen (*materialized aggregate-join view*).

Ein materialisiertes *View*[10] ist eine Tabelle, in der die Ergebnisse der Ausführung von einem *View* bzw. von einer Anfrage abgelegt sind. Diese Daten werden

---

[9] Lehner (2003, S. 201).

[10] Vgl. Saake et al. (2008, S. 653–665).

redundant gehalten. Die ermittelten Ergebnisse und Daten werden einmal berechnet, dienen aber mehrmals der Beantwortung von Anfragen. Diese Tatsache führt zu einer erheblichen Reduktion der Ausführungszeiten von Anfragen. Mit der Verwendung von materialisierten *Views* sind einige Probleme verbunden, zu deren Lösung es im Vorfeld klare Strategien geben muss, auf die in dieser Arbeit nur kurz eingegangen wird. Zu diesen Problemen zählen u.a. die Modifikation und Ersetzung bzw. die Umschreibung der ursprünglichen Anfrage auf die Basisrelationen, die Auswahl von materialisierten *Views* und deren Wartung und Aktualisierung.

Mit der Verwendung eines materialisierten *Views* abgekürzt *MV*, ist die Aufgabe verbunden, eine (ursprüngliche) Anfrage Q (*Query*) in eine äquivalente[11] Anfrage Q' umzuformulieren, sodas Q' unter Verwendung von *MV* die gleiche Ergebnismenge liefert wie Q.

9.4.1 Gültige Ersetzung

Definition: Eine Anfrage Q' ist eine gültige Ersetzung der Anfrage Q unter Verwendung der Materialisierung M, wenn Q und Q' das gleiche (Multi) Mengenergebnis liefern.[12]

Beispiel: Das materialisierte *View* MV ist definiert als:

```
create materialized view MV as
   select    P.Produktfamilie, Ort_ID, sum(Umsatz), sum(Anzahl)
   from      Kaufauftrag K, Produkt P
   where     K.Produkt_ID       = P.Produkt_ID and
             P.Produktfamilie = 'Bundesanleihen'
   group by Produktfamilie, Ort_ID
```

und sei Q eine Anfrage wie folgt:

```
select    P.Produktfamilie, O.Stadt, sum(Umsatz)
from      Kaufauftrag K, Produkt P, Ort O
where     K.Produkt_ID       = P.Produkt_ID and
          K.Ort_ID           = O.Ort_ID     and
          O.Stadt            = 'Berlin'     and
          P.Produktfamilie = 'Bundesanleihen'
group by P.Produktfamilie, O.Stadt
```

[11] Q ist in Q' enthalten ($Q \subseteq Q'$), wenn für alle Datenbankinstanzen D die Ergebnismenge von Q eine Teilmenge der Ergebnismenge Q' ist. D. h., $Q(D) \subseteq Q'(D)$. Q *und* Q' sind äquivalent, wenn $Q \subseteq Q'$ und $Q' \subseteq Q$.

[12] Vgl. Bauer und Günzel (2004, S. 289).

Durch die Verwendung von MV kann die Anfrage Q in eine andere Anfrage Q' wie folgt umformuliert werden:

```
select Produktfamilie, Stadt, sum(Umsatz)
from   MV, Ort O
where  MV.Ort_ID = O.Ort_ID and
       O.Stadt   = 'Berlin'
group by Produktfamilie, Stadt
```

Die Anfrage Q' lässt sich dann wegen der vorberechneten Gruppierung und Aggregation schneller ausführen.

Damit die Anfragen, die auf eine Materialisierung basieren, effizient beantwortet werden können, müssen einige Voraussetzungen und Bedingungen erfüllt sein. Diese Voraussetzungen werden in der Literatur anhand der Theorie der Ableitbarkeit ausführlich erörtert,[13] welche in dieser Arbeit aus Gründen der Vollständigkeit kurz besprochen wird. Das Ziel eines Ableitungsvorgangs besteht darin, möglichst große Mengen von Anfragen aus materialisierten Vorberechnungen abzuleiten.

Bei der Materialisierung der Anfragen soll zunächst festgestellt werden, ob es eine gültige Anfrageersetzung gibt, und wenn ja, wie eine Ersetzung einer Anfrage (partiell bzw. vollständig) konstruiert werden soll und welche Ersetzung bei einer Menge möglicher Ersetzungen die günstigste Alternative repräsentiert.

Das Problem der Existenz einer gültigen Ersetzung der relationalen Anfragen ist NP-vollständig.[14]

Die Ableitung einer Anfrage aus einer Materialisierung ist abhängig von der Erfüllung folgender Bedingungen[15]:

- Kompatibilität der Bereichseinschränkungen bzw. Kompatibilität der Prädikate
  Eine Anfrage Q mit dem Selektionsprädikat P_Q ist aus einer Materialisierung M mit dem Selektionsprädikat P_M bezogen auf Bereichseinschränkungen ableitbar, wenn $P_Q \subseteq P_M$ gilt. Das heißt alle Attribute, die in P_Q enthalten sind, müssen in der Materialisierung vorhanden sein.

  Folglich sollte man beim Entwurf von materialisierten *Views* im Rahmen von Data-Warehouse-Systemen häufig benutzte Selektionsattribute in die Gruppierungs-klausel aufnehmen, um eine umfassendere Ableitbarkeit zu ermöglichen.
- Verträglichkeit der Gruppierungen
  Die Gruppierungskombinationen der Anfragen mit ‚group by' müssen aus einer Materialisierung ableitbar sein. Eine Gruppierungskombination ist die Menge von Gruppierungsattributen $G = \{A_1, A_2, \ldots, A_n\}$, wobei es keine funktionalen

[13] Vgl. Lehner (2003, S. 216–222).

[14] Vgl. Lehner (2003, S. 233) und Bauer und Günzel (2004, S. 289).

[15] Vgl. Saake et al. (2008) und Lehner (2003, S. 216–222).

Abhängigkeiten zwischen den Attributen gibt. Eine Gruppierungskombination G_β ist direkt aus der Gruppierungskombination G_α ableitbar $(G_\alpha \Rightarrow G_\beta)$, wenn

1. G_β genau ein Attribut weniger als G_α hat. D. h. $G_\beta \subset G_\alpha$, $\left|G_\beta\right| = |G_\alpha| - 1$ oder
2. G_β durch Ersetzung eines Attributes A_i durch A_j in G_α entsteht, wobei A_i direkt A_j funktional bestimmt $(A_i \rightarrow A_j)$.

Das Vorkommen von funktionaler Abhängigkeit wird durch die Definition von referenziellen Integritätsbedingungen oder informative Zusicherung im DBMS Rechnung getragen.

Betracht man die Ableitbarkeit aller Attribute eines multidimensionalen Modells im Kontext eines Data-Warehouse-Systems, so kristallisiert sich ein gerichteter azyklischer Graph heraus, der als Aggregationsgitter bezeichnet wird, wobei die Knoten die Gruppierungskombinationen darstellen und die Kanten die direkte Ableitbarkeit aufzeigen.

- Verträglichkeit der Aggregatfunktionen
Die Verträglichkeit von Aggregationen zwischen Materialisierung und Anfrage hängt stark mit der Verträglichkeit von Gruppierungen zusammen. Zur Überprüfung der Ableitbarkeit der Aggregationsfunktionen werden diese klassifiziert in additive, semi-additive und additiv-berechenbare Aggregationsfunktionen. Es gibt in der Literatur keine einheitliche Klassifizierung von Aggregationsfunktionen. Hintergrund der Klassifikation ist die Möglichkeit der inkrementellen Aktualisierung von materialisierten *Views*.

1. Additive Aggregationsfunktion
Eine Aggregationsfunktion *f*( ) ist additiv, wenn sie bezüglich der Kennzahlen des Datenwürfels eine kommutative Gruppe bildet.

Seien x_1 und x_2 Mengen von Kennzahlen, weiter sei F eine Aggregationsfunktion über x_1 und x_2. F ist eine additive Aggregationsfunktion, wenn gilt

I. $F(x_1 \cup x_2) = F(\{F(x_1), F(x_2)\})$ und
II. $F^{-1}()$ – die Inverse von $F(\,)$ – existiert.

Die Aggregationsfunktion der Summenbildung SUM( ) ist ein Beispiel für eine additive Aggregationsfunktion. Denn es gilt:

$$SUM(x_1 \cup x_2) = SUM(\{SUM(x_1), SUM(x_2)\}) \text{ und}$$
$$SUM(x_2) = SUM(x_1 \cup x_2) - SUM(x_1)$$

Für additive Aggregationsfunktionen sind inkrementelle Aktualisierungen möglich sowohl in Bezug auf Einfügungen und Ergänzungen des Datenbestands als auch in Bezug auf Löschungen von Datensätzen.

2. Semi-additive Aggregationsfunktionen
   Semi-additive Aggregationsfunktionen haben die gleiche Eigenschaft wie additive Aggregationsfunktionen, jedoch mit der Ausnahme, dass hierfür keine Inverse definiert sind, die ein Löschen einzelner Werte aus der berechneten Aggregation ermöglichen. Die Ermittlung des Minimums oder des Maximums aus einer Menge von Kennzahlen sind Beispiele für semi-additive Aggregationsfunktionen. Hierbei sind inkrementelle Aktualisierungen nur in Bezug auf Ergänzungen möglich.
3. Additiv-berechenbare Aggregationsfunktionen
   Gibt es einen algebraischen Ausdruck $G()$ über semi-additive und/oder additive Aggregationsfunktionen $F_1(), F_2(), \ldots F_n()$ mit $H(x) = G(F_1(x), F_2(x), \ldots F_n(x))$, so wird $H()$ als additiv-berechenbar bezeichnet. Die Berechnung des Durchschnittswertes ist z. B. eine additiv-berechenbare Aggregationsfunktion.

   $$AVG(x) = \frac{SUM(x)}{COUNT(x)}.$$

   Für additiv-berechenbare Aggregationsfunktionen sind inkrementelle Aktualisierungen indirekt und nur in Bezug auf Ergänzungen möglich.

- Menge der Basisrelationen
  Bei der Überprüfung der Ableitbarkeit muss auch die Menge der referenzierten Basisrelationen berücksichtigt werden. Eine Anfrage muss mindestens die Basisrelationen mit gleichen Verbundbedingungen (Verbundprädikat) referenzieren, die auch in dem materialisierten *View* auftreten. Alle referenzierten Relationen in einer Anfrage müssen mitberücksichtigt werden, da sonst Datenverluste durch Verbundoperationen entstehen können.

Die Auswahl der Anfragen oder Anfragenteile, die materialisiert werden sollen, ist nicht trivial und spielt eine große Rolle bei der Erreichung der Optimierungsziele. Denn den anvisierten Performanzsteigerungen durch den Verzicht auf wiederholte Berechnung und Ermittlung von Ergebnissen stehen zusätzliche Aufwände in Form eines erhöhten Speicherbedarfs wegen des redundanten Vorhaltens der Ergebnisse sowie anfallender Aktualisierungsaufwände bei Änderungen der Basisrelationen gegenüber.

Die Auswahl von materialisierten *Views* hängt stark vom Auffinden einer Balance zwischen der maximalen Reduzierung der Ausführungszeiten und dem zusätzlichen Speicherplatzbedarf zur Datenhaltung bzw. zur Speicherung der Daten von materialisierten *Views* und deren Aktualisierungskosten ab. Um dieses zu erreichen, sind zum einen Kenntnisse über auszuführende Anfragen, den sogenannten *workloads*, erforderlich, und zum anderen müssen die gültigen Ersetzungen und die Ableitbarkeit der einzelnen Anfragen bzw. Anfragenteile untersucht werden, d. h., die Additivität von Aggregationsfunktionen oder die Ableitbarkeit von Gruppierungskombinationen sind zu prüfen. Ein sinnvoller Ansatz hierfür ist die Bildung der Aggregationsgitter, deren Knoten die Aggregationen oder Gruppierungen sind und deren gerichtete Kanten angeben, welche Aggregationen bzw. welche Gruppierungen aus welchen anderen berechnet werden können. Die gerichteten Kanten solcher Aggregationsgitter entsprechen der direkten Ableitbarkeit. Die Ableitbarkeit kann dabei sowohl auf den Gruppierungsattributen als auch entlang der Dimensionshierarchien betrachtet werden. Jeder Knoten im Aggregationsgitter repräsentiert eine Möglichkeit zur Bildung materialisierter *Views*. Die Zahl der Knoten im Aggregationsgitter wächst exponentiell mit der Zahl der Gruppierungsattribute bzw. der Dimensionen, sodass durch eine Auswahl eine Reduktion erreicht werden kann. Das Aggregationsgitter kann unter Berücksichtigung der funktionalen Abhängigkeiten reduziert werden.[16]

Ein Beispiel hierfür ist in Abb. 9.4 dargestellt. Ein gerichteter azyklischer Graph präsentiert ein Aggregationsgitter für die Gruppierungsattribute Produktgruppe, Region und Monat. Das Aggregationsgitter veranschaulicht, welche Kombinationen von Gruppierungsattributen direkt oder indirekt aus anderen Kombinationen abgeleitet werden können. Hier zeigt sich, dass z. B. eine Gruppierung nach (Produktgruppe)(A_3) aus den Kombinationen (Region, Produktgruppe)(A_2, A_3), (Monat, Produktgruppe)(A_1, A_3) und (Monat, Region, Produktgruppe)(A_1, A_2, A_3) ableitbar ist.

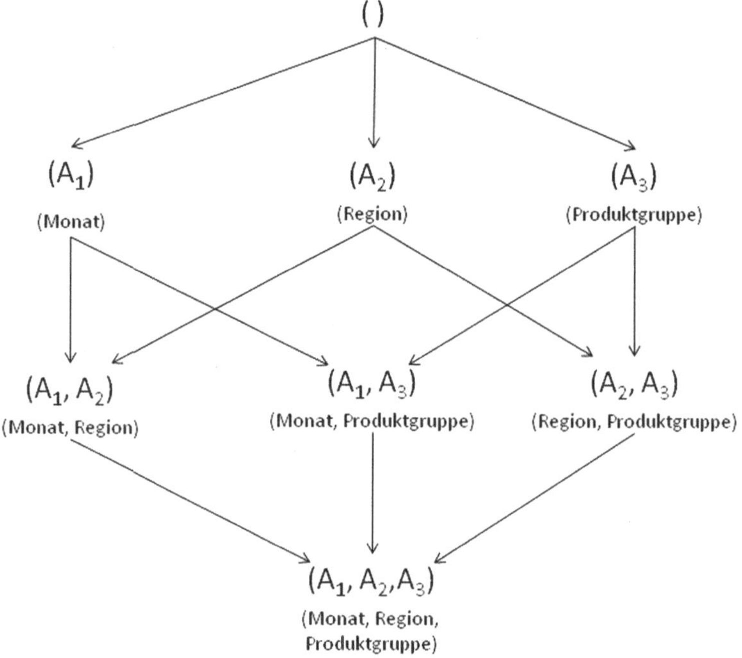

Abb. 9.4 Ein Aggregationsgitter (nach Bauer und Günzel)[17]

[16] Vgl. Saake et al. (2008, S. 659).

[17] Vgl. Bauer und Günzel (2004, S. 301).

Es wird prinzipiell zwischen statischer und dynamischer Auswahl von materialisierten *Views* unterschieden. Bei statischer Auswahl wird die Menge der materialisierten *Views* zu gewissen Zeitpunkten anhand eines Algorithmus oder durch den Administrator des DBMS gebildet und bleibt bis zur nächsten fälligen Aktualisierung des Data Warehouse unverändert gespeichert. Die statische Materialisierung von *Views* steigert zwar die Performanz der Ausführungen der Anfragen, hat aber auch einige Nachteile. Ein Nachteil ist, dass die Interaktivität eines OLAP-Tools nicht einbezogen werden kann. Die Daten und somit die Anfragemuster und das Anfrageverhalten der Benutzer hängen von den zu analysierenden Daten ab. Damit ist gemeint, dass während der Analyseszenarien durch eine Menge von interaktiven ad-hoc-Anfragen sich wiederholende und oft wiederkehrende Anfragemuster entstehen, die im Vorfeld nicht absehbar waren. Sogar wenn im Vorfeld das Anfragemuster bekannt wäre, ist nicht klar, wie lange es noch aktuell bleiben wird.

Ein weiterer Nachteil des statischen Ansatzes ist der große Aktualisierungsaufwand, da jede Änderung der Daten zu Aktualisierungen von materialisierten *Views* führt.

Beim dynamischen Ansatz zur Auswahl von materialisierten *Views* werden die Ergebnisse von Benutzeranfragen für eine etwaige Wiederverwendung in späteren Anfragen nur temporär abgespeichert. Bei Überschreiten des zur Verfügung stehenden Speicherbereichs durch ein hinzukommendes materialisiertes *View* wird durch einen Ersetzungsalgorithmus festgestellt, welche temporären Materialisierungen ersetzt werden müssen. Ein Ersetzungsalgorithmus ist im Vergleich zu klassischen Ersetzungsverfahren wie FIFO (*first in first out*), LRU (*least recently used*) oder LFU (*least frequently used*) bedingt durch unterschiedliche Größen der Anfrageergebnisse und einer eventuell existierenden funktionalen Abhängigkeit zwischen bereits gespeicherten Materialisierungen sowie den Kosten der Aktualisierung temporär gehaltener Objekte komplexer und aufwendiger.[18]

Im Rahmen einer OLAP-Sitzung, des Analyseprozesses und der Auswertung der Daten weisen die gestellten Anfragen gewisse charakteristische Ähnlichkeiten und Eigenschaften auf, die zur Optimierung von Anfragen genutzt werden können. Beispielweise bauen die gestellten Anfragen häufig aufeinander auf. Der Benutzer eines OLAP-Tools nimmt teilweise explizit Bezug auf vorher gestellte Anfragen dadurch, dass er auf die berechnete Ergebnismenge die nächste Anfrage ausformuliert. In Anbetracht dessen steigt die Wahrscheinlichkeit einer Wiederverwendung von Anfrageergebnissen bei OLAP-Anwendungen. Beispielweise kann bei einer Rollup-Operation die Ergebnismenge der Anfrage stets aus der Ergebnismenge der vorherigen Anfrage abgeleitet werden.

[18] Vgl. Lehner (2003, S. 242ff).

9.4.2 Aktualisierung materialisierte Views

Ein Problem beim Einsatz von materialisierten *Views* betrifft die Änderungen der Basisrelationen und die Sicherstellung der Konsistenz zwischen Basisrelation und materialisiertem *View* zur Erhaltung der Datenäquivalenz. Das Problem wird zusätzlich durch die Tatsache erschwert, dass eine erneute Berechnung und Ermittlung der Daten eines materialisierten *Views* u.U. sehr aufwendig ist.

Eine effektive Aktualisierungsstrategie und ein effizienter Aktualisierungsalgorithmus schaffen hierbei Abhilfe.

Grundsätzlich kann man zwischen einer vollständigen und einer inkrementellen Aktualisierungsstrategie unterscheiden.

Bei einer vollständigen Aktualisierung von materialisierten *Views* werden die Anfragen, die in der Definition von *Views* enthalten sind, auf den Basisrelationen ausgeführt und die hierdurch neu berechnete Ergebnismenge ersetzt die bisherige Ergebnismenge.

Im Rahmen der inkrementellen Aktualisierung werden die Änderungen der materialisierten *Views* anhand der in der Definition von *Views* spezifizierten Basisrelationen berechnet und inkrementell in die materialisierten *Views* integriert. Die Modifikationen der Basisrelationen eines *Views* wie das Einfügen, Löschen oder Ändern von Tupeln erzeugt entsprechende Mengen aus zu löschenden bzw. einzufügenden Tupeln, die in materialisierte *Views* zu übernehmen sind und als Delta-Relationen bezeichnet werden.

Ein Zugriff auf die Basisrelationen der materialisierten *Views* ist meist weder rechtlich noch technisch möglich bzw. gewünscht. Daher existieren Konzepte und Methoden, die einen Zugriff auf Basisrelationen im Zuge einer Aktualisierung möglichst vermeiden. In diesem Zusammenhang kommt der Forderung nach der autonomen Aktualisierbarkeit der materialisierten *Views* eine zentrale Bedeutung zu.

Die Forderung nach autonomer Aktualisierbarkeit ist für einen materialisierten *View* erfüllt, wenn Einfügen, Löschen und Änderungen ihrer unterliegenden Basisrelationen unter ausschließlicher Zuhilfenahme der *View* definitionen, der Änderungen der betreffenden Basisrelationen und der aktuellen Ausprägung des *Views* ausreichen, um den materialisierten *View* inkrementell zu aktualisieren.[19]

Ein materialisierter *View*, der die Forderung nach der autonomen Aktualisierbarkeit nicht erfüllt, bezeichnet man als partiell autonom aktualisierbar.

Hierbei können Zusatzinformationen genutzt werden, um die Wahrscheinlichkeit einer Aktualisierung von materialisierten *Views* ohne Zugriff auf entsprechende Basisrelationen zu steigern. Beispielweise können die Speicherung von Schemainformationen oder das Anlegen von Hilfs*views* dazu dienen, die autonome Aktualisierbarkeit herbeizuführen. Eine weitere für die Aktualisierung wichtige Zusatzinformation ist die Anzahl der Tupel aus den Basisrelationen, von denen ein Tupel des materialisierten *Views* abgeleitet wurde. Beispielweise soll aufgrund einer

[19] Vgl. Lehner (2003, S. 247f) und Bauer und Günzel (2004, S. 308–313).

Löschung in den Basisrelationen ein Tupel aus einem materialisierten *View* gelöscht werden, so muss geprüft werden, ob das Tupel des materialisierten *Views* aufgrund anderer Tupel der Basisrelationen im *View* vorhanden ist. Falls ja, d. h. Zähler > 1, wird nur der Zähler um 1 verringert, sonst, d. h. falls der Zähler = 1, muss der Tupel in der Tat aus dem materialisierten *View* gelöscht werden.

Die Frage, welche Aktualisierungsstrategie am geeignetsten ist, lässt sich nicht allgemein beantworten. Die Antwort hängt stark vom konkreten Anwendungsthema ab. Grundsätzlich gilt, dass die inkrementelle Aktualisierung der einfach strukturierten materialisierten *Views* ohne Änderungen an den Basisrelationen vorteilhafter ist. Komplex strukturierte materialisierte *Views* sind entweder nicht inkrementell aktualisierbar oder die inkrementelle Aktualisierung ist aufwendiger als eine Neuberechnung.[20]

Ein weiterer Punkt in diesem Zusammenhang ist die Auswahl des Zeitpunkts der Aktualisierung (sofort, mit *commit* oder verzögert).

Bei einer sofortigen Aktualisierung materialisierter *Views* werden Änderungen der Basisrelationen innerhalb der jeweiligen Datenbanktransaktion sofort an materialisierte *Views* weitergereicht und das *View* sofort aktualisiert. Bei einer nicht erfolgreich ausgeführten Datenbanktransaktion bzw. im Fall eines Rollbacks müssen alle Änderungen an den materialisierten *Views* zurückgesetzt werden. Beispielweise verursacht die Klausel REFRESH IMMEDIATE bei IBM DB2, die bei der Definition von *Views* spezifiziert wird, eine sofortige Aktualisierung des *Views*.

Bei einer transaktionsorientierten Aktualisierung werden die Änderungen der Basisrelation innerhalb der jeweiligen Datenbanktransaktion erst nach deren erfolgreicher Ausführung (*Commit*) an die materialisierten *Views* weitergeleitet bzw. die erforderliche Aktualisierung durchgeführt. Hierbei kann es u.U. passieren, dass im Rahmen der Analyse und Auswertung auf nicht aktuelle oder veraltete Daten zugegriffen wird. Beispielweise verursacht die Klausel ON COMMIT bei Oracle, die bei der Definition von *Views* spezifiziert wird, eine transaktionsorientierte Aktualisierung des *Views*.

Bei einer verzögerten Aktualisierung von materialisierten *Views* haben die Änderungen der Basisrelation an sich keine Wirkung auf die materialisierten *Views* . Erst durch eine explizite Anforderung des Benutzers wird eine Aktualisierung angestoßen. Die Klausel zur Festlegung einer verzögerten Aktualisierung bei IBM DB2 ist REFRESH DEFERRED und bei Oracle wird durch sie durch den Parameter ON DEMAND spezifiziert.

9.5 Weitere Optimierungsmaßnahmen

Die wachsende Bedeutung der Datenanalysen und Datenauswertungen haben dazu geführt, dass die Anforderungen an die Datenhaltung- und Datenanalysesysteme immer komplexer und umfangreicher wurden, welche die Entwicklung von

[20] Vgl. Lehner (2003, S. 250).

weiteren Techniken und (System) Architekturen zur Lösung der entstandenen Komplexität zur Folge hatte. Zu diesen Techniken, die eigentlich eine Weiterentwicklung den Data-Warehouse-Systemen zugrundeliegende Datenbankmanagementsysteme darstellen, gehören u.a. diverse Techniken zum Einsatz spezieller Hardware zur Beschleunigung der Datenverarbeitung, die Methoden und Algorithmen der Parallelisierung bzw. parallele Datenverarbeitung in Rechnerclustern und die konsequente Nutzung der Potenziale des Hauptspeichers.

9.5.1 Spezielle Hardware

Durch den Einsatz der proprietären Hardware zur Beschleunigung der Verarbeitung von Anfragen und Datenbankoperationen können größere Datenvolumina in kürzeren Zeiten bewerkstelligt werden. Beispielsweise können der Einsatz von Multiprozessorrechnern oder mehrkernige Singleprozessorrechnern auf speziellen Hauptplatinen (etwa mit zwei Sockeln) genannt werden, wo zusätzlich ein sogenannter FPGA-Chip (*Field Programmable Gate Array*) die Kernroutinen zur Anfrageverarbeitung beschleunigt.

9.5.2 Parallelisierung und parallele Datenverarbeitung

Durch die Technik der Parallelisierung unterschiedlicher Architekturen von Datenbankmanagementsystemen können auch bei größerer Anzahl von Anfragen vertretbare Antwortzeiten erzielt werden. Bei parallelen Datenbankmanagementsystemen kann prinzipiell zwischen den Architekturen ‚*Shared Disk*', ‚*Shared Memory*' und ‚*Shared Nothing*' unterschieden werden.

Der Ansatz von ‚*Shared Memory*' (wie z. B. von Microsoft SQL Server) ist zwar einfach aber nicht sehr leistungsfähig. Hierbei werden die Plattenspeicher (*Strorages*) und Hauptspeicher (*Memory*) zwischen allen Verarbeitungsrechnern geteilt. Bei dem Verarbeitungsrechner handelt es sich entweder um einen Singleprozessorrechner oder Multiprozessorrechner. Hierbei verfügt jeder Verarbeitungsrechner über eigene Kopien von Anwendungs- und Systemsoftware, insbesondere des von Datenbankmanagementsystemen. Die Verarbeitungsrechner sind lokal innerhalb eines Clusters organisiert und über ein Hochgeschwindigkeitsnetzwerk miteinander verbunden. Es wird von einem verteilten Sperrprokoll abgesehen. Der Nachteil hierbei ist, dass alle Prozessoren den gleichen Datenbus sowohl für *Input/Output* als auch für Speicherzugriffe teilen müssen (Probleme der Skalierbarkeit). Das gleiche Problem besteht auch beim Ansatz von ‚*Shared Disk*' (wie z. B. bei Oracle RAC), wo unterschiedliche und voneinander unabhängige Verarbeitungsrechner, die jeweils über ihren eigenen Hauptspeicher verfügen, auf einen Plattenspeicher zugreifen müssen. Bei ‚*Shared Disk*' müssen aufgrund fehlender gemeinsamer Hauptspeicherbereiche verteilte Sperrmechanismen eingesetzt werden, die bei größerer Anzahl der Verarbeitungsrechner zum Engpass für das System werden.

Die Architektur von *,Shared Nothing'*, die auch als *,massiv parallel Processing'* bezeichnet wird, ist am meisten skalierbar. Hier verfügen die Verarbeitungsrechner über ihren eigenen Plattenspeicher. Alle beteiligten Verarbeitungsrechner sind über ein LAN miteinander verbunden, wo die horizontal partitionierten Datentabellen auf die Verarbeitungsrechner verteilt werden. Pufferspeicher und Sperren auf Tabellen werden lokal verwaltet. Durch *,massiv parallel Processing'* lassen sich kostengünstig sehr leistungsstarke Systeme aufbauen.[21]

9.5.3 Hauptspeicherdatenbanken (In-Memory Database)

Eine weitere wesentliche Maßnahme zur Optimierung von Anfragen und Antwortzeitverhalten im Kontext der Data-Warehouse-Systeme besteht in der Reduktion der Kosten von Input- und Output-Operationen. Die Erreichung dieses Ziels kann softwaremäßig u.a. durch die Definition von materialisierten *Views* und Datenkompressionen unterstützt werden. Hardwaremäßig lässt sich dieses Ziel zusätzlich durch die konsequente Nutzung sämtliche Potenziale des Hauptspeichers unterstützten. So können alle Daten vollständig im Hauptspeicher gespeichert werden, wodurch die Festplattenzugriffe nicht mehr stattfinden. Durch die geeignete und adäquate Anwendung von Kompressionsverfahren kann eine erhebliche Reduzierung der Datenvolumina erzielt werden. Damit wird ermöglicht, dass sogar größere Datenbanken ganz und gar im Hauptspeicher gespeichert bzw. gehalten werden. Eine Schwachstelle der Hauptspeicherdatenbanken ist der Prozessor (CPU), wobei begrenzte Ressourcen verfügbar sind. Durch Kombination von Hauptspeicherdatenbanken und *,massiv parallel Processing'* kann eine flexible Skalierung des DV-Systems erreicht werden, die auch höheren Anforderungen genügen können.

[21] Thiele (2010, S. 46ff).

Kapitel 10
Realtime Data-Warehouse-Systeme

Mit weiterschreitende Globalisierung der Märkte und damit verbundenen Umverteilungen wächst der Wettbewerbsdruck auf viele Unternehmen, die zur Sicherung ihrer Existenz und zur Umsetzung ihrer ökonomischen Ziele auf aktuelle Informationen, Analysen und Trends angewiesen sind. Eine unternehmensweite Lösung zur Unterstützung dieser Anforderungen bestünde in der so genannten „*Realtime* (Echtzeit) Data-Warehouse-Systeme".

Im Allgemeinen wird durch die Eigenschaft der Echtzeit eines DV-Systems garantiert, dass das DV-System innerhalb eines vorher bestimmten Zeitintervalls sämtliche Daten verarbeitet und die benötigten Ergebnisse berechnet.

Echtzeit-Data-Warehouse-Systeme sind solche Data-Warehouse-Systeme die sowohl die Aktualisierung der Daten als auch deren Analyse und Auswertung in Echtzeit unterstützen. Die aktualisierten Daten sind die produzierten Ergebnisse des ETL-Prozesses und werden in das Data Warehouse geladen. Die Realtime-Anforderung und der Grad der Aktualität und Granularität der jeweiligen Daten eines Data-Warehouse-Systems hängt sehr stark von dem Anwendungsthema ab. Im Kontext eines Data-Warehouse-Systems können einige Anwendungsszenarien sehr hohe Anforderung hinsichtlich der Datenaktualität stellen, andere hingegen nicht. Während einige Anwendungen durch tägliche oder wöchentliche Aktualisierung der entsprechenden Daten hinreichend und adäquat unterstützt werden, benötigen andere Anwendungen eine Datenaktualisierung in Stunden oder Minutenbereichen. Solche aktualisierte Daten können unter Umständen sehr große Datenmengen aufweisen, wo (abgesehen von Extraktions- und Transformationsprozessen) allein dessen Ladeprozesse in das Data Warehouse System lange Zeit dauern können (mehrere Minuten bis Stunden) und keine Aussage bzw. Annahme bezüglich deren Verarbeitung im Vorfeld hinreichend genau erfolgen kann. Die somit entstehende Zeitverzögerung von der Datenerzeugung in Quellsystemen bis zur deren Bereitstellung in einem Data Warehouse wird als Datenlatenz bezeichnet. Das Laden der Daten (*Load*) und die Aktualisierung der Indizes können beispielsweise wegen der verwendeten Schreibsperren auf Faktentabelle unter Umständen zur Blockierung der kompletten Datenbasis führen. Hinzu kommen die Zeiten zur Analyse und zur Auswertung der Daten, die als Analyselatenz bezeichnet wird. Darüber hinaus können auf einige Systeme (z. B. Mainframe) nicht online zugegriffen werden; hier

K. Farkisch, *Data-Warehouse-Systeme kompakt*, Xpert.press,
DOI 10.1007/978-3-642-21533-9_10, © Springer-Verlag Berlin Heidelberg 2011

werden die Daten mittels Batch-Programme extrahiert. Daher ist streng genommen, die Eigenschaft „*Realtime*" für Data-Warehouse-Systeme nur eingeschränkt verwendbar. Damit besagt die Eigenschaft der Echtzeit eines Data-Warehouse-Systems nur, dass die relevanten Daten relative schnell und zeitnah in das Data Warehouse integriert werden können.

In der Literatur werden auch häufig die Begriffe „*Near Realtime Data Warehousing*", oder „*Righttime Data Warehousing*" als Umschreibung des hier dargelegten Sachverhalts verwendet.

10.1 Anforderungen an ein Echtzeit-Data-Warehouse-System

Es lassen sich drei wesentliche spezifische Anforderungen an ein so genannten Echtzeit-Data-Warehouse-System identifizieren:

1. Maximierung der Aktualität der relevanten Daten
   Diese ist eng mit der Minimierung der Datenlatenz verbunden.
2. Reduktion der Antwortzeiten der Anfragen
   Diese ist eng mit der Minimierung der Analyselatenz verbunden.
3. Erhaltung der Datenkonsistenz und der Datenqualität
   Diese steht im Konflikt mit der Anforderung der Maximierung der Aktualität der Daten.

Die Entwicklung und bereitflächiger Einsatz von Echtzeit-Data-Warehouse-Systemen ist zwar begründet, dennoch in Praxis lässt auf sich warten. Ein Grund hierfür ist die hohe Komplexität solcher Systeme und damit verbunden Kosten. Erschwerend dazu kommt das Risiko des Verlusts der Datenkonsistenz. Die Nichtkonsistenz der Daten kann aber fatale Folgen haben und zur falschen Ergebnismengen bei Anfragen und somit zur falschen Entscheidungen führen.

Kapitel 11
Data Mining

Immer mehr Unternehmen nutzen Vorteile von Informationstechnologien, um wettbewerbsfähig zu bleiben. Eine zielgerichtete, effektive, systematische und schnelle Nutzung und Auswertung von im Unternehmen vorhandenen Daten kann Manager im Rahmen des Entscheidungsfindungsprozesses bestens unterstützen, z. B. Wettbewerbsvorteile ausfindig zu machen, um diese dann auch sinnvoll zu nutzen. In diesem Zusammenhang werden die Daten aus der operativen Geschäftsabwicklung nicht mehr nur als Nebenprodukt angesehen, sondern als strategische Ressource verstanden.[1]

Data Mining ist die softwaregestützte automatisierte Ermittlung bisher unbekannter Zusammenhänge, Muster und Trends aus großen Datenmengen einer oder mehreren Datenbanken bzw. des Data Warehouse.[2]

Die Definition von Data Mining wurde im Jahr 1996 von Fayyad geliefert: „Data Mining is a step in the KDD[3] process that contains of applying data analysis and discovery algorithms that produce a particular enumeration of patterns or models over the data. KDD is the non-trivial process of identifying valid, novel, potentially useful, and ultimately understandable pattern in data."[4]

Der KDD-Prozess ist ein komplexer Prozess – siehe Abb. 11.1 – und beinhaltet folgende weitere Prozesse:

- Selektion
  Hierbei werden die Daten aus Quellen bzw. aus den Rohdatenmengen zur Analyse und zur Auswertung ausgewählt.
- Vorbereitung oder Bereinigung
  Durch diesen Prozess werden die selektierten Daten auf Fehler und/oder auf fehlende Werte überprüft und ggf. bereinigt und korrigiert.

[1] Vgl. Knobloch (2000, S. 1).

[2] Vgl. Hansen und Neumann (2001, S. 474).

[3] KDD ist die Abkürzung für **K**nowledge **D**iscovery in **D**atabases und beschreibt den Prozess bzw. das Verfahren der Suche nach unbekannten oder nur teilweise bekannten Zusammenhängen in großen Datenmengen und Datenbeständen.

[4] Vgl. Fayyad et al. (1996, S. 37–54).

K. Farkisch, *Data-Warehouse-Systeme kompakt*, Xpert.press,
DOI 10.1007/978-3-642-21533-9_11,

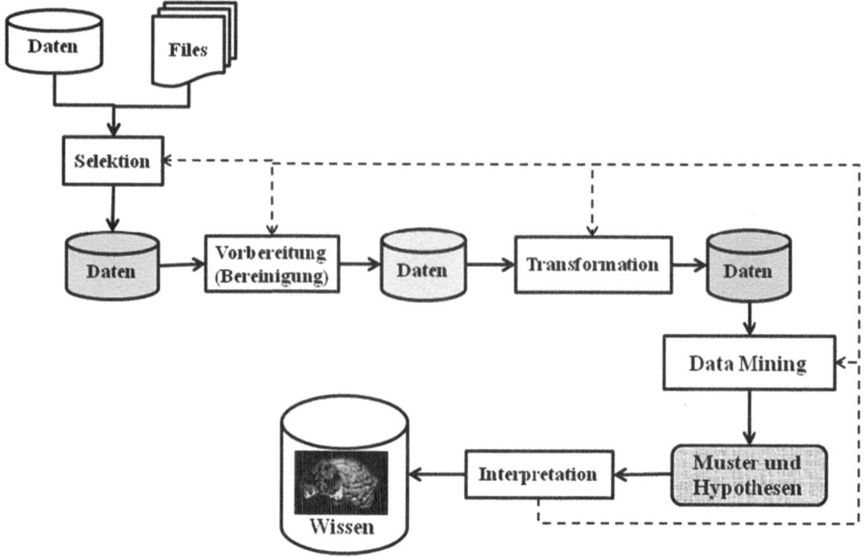

Abb. 11.1 Der Prozess des Knowledge Discovery in Databases

- Transformation
  Bei der Transformation werden die (Roh-) Daten in für die jeweiligen Data MiningVerfahren geeignete Darstellungsformen und Formate überführt.
- Data Mining
  Der Data Mining Prozess, den wir im Folgenden genauer erörtern, dient der Identifikation von Mustern innerhalb der Daten
- Interpretation
  Die Bewertung der Resultate hinsichtlich ihrer Bedeutung und etwaiger Wiederholungen der gesamten oder Teile der vorangegangenen Prozesse geschieht im Rahmen der Interpretation.

Data Mining umfasst mathematisch-statische Verfahren zur Datenanalyse, mit deren Hilfe Sachverhalte und deren Ursachen analysiert und eventuell vorhandene Muster entdeckt und neu erkannt werden können. Data Mining ermöglicht entscheidungsunterstützende Datenanalysen u.a. durch die Generierung von Modellen, auf deren Basis eine Vorhersage im Rahmen der vorhandenen und auszuwertenden Daten erfolgen kann. Beim Data Mining ist der Begriff Muster (*Pattern*) sehr essenziell. Der Begriff Muster beschreibt in diesem Kontext typische (bedeutungstragende) Ausprägungen von Merkmalen in den Daten.

Der Begriff Merkmale (*Features*) bezieht sich hierbei auf eine Definition für diejenigen Eingangsgrößen, die für die jeweilige Problemstellung relevant sind.[5]

[5] Vgl. Mikut (2008, S. 27).

Abhängig von den zu analysierenden Daten und Datenbeständen werden unterschiedliche Muster von Bedeutung sein. Beispielsweise können je nach Fragestellung Schadenhäufigkeitsmuster, Risikomuster, Risikoverhaltensmuster, Risikokorrelationsmuster, das Muster der zusammen eintretenden Risiken, Kaufverhaltensmuster, Textmuster, Warenzusammenstellungsmuster, Einkaufsmuster, Bildmuster, Filmsequenzmuster usw. von Interesse sein. Somit ist die wesentliche Aufgabe eines Data Mining Verfahrens die Analyse und Auswertung der Daten, sodass vorhandene Muster sowie deren Struktur und Modelle entdeckt, hergeleitet und generiert werden können, die dann die Grundlagen zur Gewinnung von entscheidungsunterstützenden relevanten Informationen bilden.

11.1 Mustertypen

Die Erkennung von Datenmustern hängt vom Analyse- und Untersuchungsziel ab. Für Data Mining sind prinzipiell vier verschiedene Untersuchungsziele und Aufgabenarten und somit vier verschiedene Mustertypen identifizierbar.[6]

1. Generierung von Prognosemodellen:
   Klassifizierungs- und Vorhersageregeln
   Das Ziel der Ableitung von Klassifizierungs- und Vorhersageregeln ist, Beschreibungen der vorgegebenen Klassen anhand der Eigenschaften der zugeordneten Objekte zu generieren. Mit der so gewonnenen Erkenntnis soll die Zuordnung der nicht klassifizierten Objekte zu einer konkreten Klasse möglich sein. Voraussetzung für die Durchführung solcher Analysen und Auswertungen ist ein Datenbestand mit Informationen über die Klassen und die Klassenzugehörigkeit der Objekte. Ein typisches Beispiel aus dem Banken- und Finanzwesen ist die Ermittlung von Regeln zur Einstufung von Kreditantragstellern in vorgegebene Risikoklassen. Oder die Ableitung von Regeln zur Vorhersage des zukünftigen Verhaltens von Objekten oder zur Schätzung bestimmter Variablenwerte wie z. B. Aktienkursprognose. Hierfür eignen sich die Methoden der neuronalen Netze, Regelinduktionsverfahren und Entscheidungsbaumalgorithmen.
   Die Klassifikationsmethode wird im Abschn. 11.2 erörtert.
2. Abweichungsanalyse
   Änderungen und Abweichungen
   Ziel der Analyse ist hier die Entdeckung und die Erkennung signifikanter Veränderungen bestimmter Kennzahlen im Vergleich zu früheren Werten oder Abweichungen von Sollwerten. Daraufhin wird die Datenbasis geprüft, ob die entdeckten und erkannten Anomalien sich anhand der Werte anderer Variablen bzw. durch kausale Zusammenhänge erklären lassen. Beispielsweise im Rahmen der automatischen Navigation in Controlling-Daten wird versucht, die Entwicklungen von aggregierten Stufen (z. B. Kostensteigerung auf Unternehmensebene) durch Drill-down auf niedrigere Stufen (z. B. Abteilungen) und auf dortige

[6] Vgl. Knobloch (2000, S. 17–20).

Wertentwicklungen zurückzuführen und somit eine Erklärung der beobachteten Phänomene zu finden. Zur Durchführung solcher Analysen werden spezielle Algorithmen und Heuristiken eingesetzt.

3. Aufdeckung von Beziehungsmustern
Verknüpfungen, Abhängigkeiten und Sequenzen
Kommen mehrere Objekte gemeinsam in Transaktionen vor, so existiert eine Verknüpfung zwischen diesen Objekten. Durch häufiges Vorkommen solcher Verknüpfungen entsteht auch ein Verknüpfungsmuster. Ein Beispiel für den Einsatz solcher Verknüpfungsanalysen ist die Telekommunikation, wodurch für jeden Anruf eines Teilnehmers eine logische Verknüpfung zu seinem Gesprächspartner entsteht. Durch Auswertung transitiver Beziehungen können Verknüpfungsnetzwerke aufgebaut werden, die z. B. zur Aufklärung krimineller Delikte eingesetzt werden können. Ein weiterer Einsatzbereich sind das Marketing und der Vertrieb, wo auf Basis bereits beobachteter Kundenpräferenzen spezielle und individuelle Angebote in Form von bestimmten Produkt- oder Leistungskombinationen erstellt werden können. Zur Durchführung von Verknüpfungsanalysen werden heuristische Ansätze und Visualisierungstechniken und auch *Clustering*-Methoden eingesetzt.

Während die Verknüpfungen nur Aussagen über das gemeinsame Vorkommen von Objekten machen, beschreiben Abhängigkeiten neben der strukturellen Beziehung, auch deren Richtung, die besagt, welche Größen von anderen abhängen, sowie die Abhängigkeitsstärke durch ein quantitatives Maß.[7] Eine sehr bekannte Form der Abhängigkeitsanalyse ist die Ermittlung von Assoziationsregeln. Hierbei werden Objektmengen gesucht, die gemeinsam in Transaktionen vorkommen, und deren Häufigkeiten werden ermittelt. Auf Basis dieser Informationen werden dann Regeln erzeugt und ausformuliert, welche die Abhängigkeiten der Objekte untereinander durch Angabe ihrer Häufigkeiten beschreiben. Die Ermittlung von Assoziationsregeln findet meist bei der sogenannten Warenkorbanalyse statt.

Untersucht man das Verhalten bestimmter Objekte im Verlauf der Zeit, so können regelmäßige Folgen von Ereignissen ermittelt werden, vorausgesetzt, die Daten über diese Ereignisse und der entsprechenden Zeitpunkte sind vorhanden. Klammert man logisch die Ereignisse aus, so erhält man eine Zeitreihe, die zum Aufdecken von sequenziellen Mustern analysiert werden kann. Beispielsweise können alle Kreditkartentransaktionen eines Karteninhabers in einem bestimmten Zeitraum zusammengefasst werden. So können typische Nutzungssequenzen identifiziert werden. Beispiele der Anwendung sind die Erkennung von Betrugsdelikten bei der Kreditkartennutzung oder die Untersuchung des Kaufverhaltens im Zeitverlauf oder die Identifikation von Ursache- und Wirkungszusammenhängen. Spezielle Algorithmen wie Mean Squared Error, der theilsche Ungleichheitkoeffizient, Trefferquote, Wegstrecke, Korrelationskoeffizient nach Bravis-Pearson analysieren Sequenzen.[8]

---

[7] Vgl. Fayyad et al. (1996, S. 15).

[8] Vgl. Petersohn (Data-Mining-Anwendungsarchitektur, 2004, S. 20).

4. Datenbanksegmentierung
   Segmente (Cluster)
   Segmente (*Cluster*) sind Klassen, die durch Gruppierung von Objekten entstehen. Die Gruppierung wird anhand der Ähnlichkeit der Objekte durchgeführt, d. h., durch Gruppierung entstehende Segmente beinhalten ähnliche Objekte, wobei die Segmente untereinander möglichst verschieden sind. Die Clusteranalyse ist meist der erste Schritt einer Untersuchungsreihe, in deren Verlauf die entsprechenden Gruppen mittels weiterer Verfahren genauer analysiert und ausgewertet werden. Beispiel der Anwendung ist die Bestimmung von Kundengruppen zur Durchführung gezielter Kampagnenmaßnahmen in Rahmen des Marketings.[9]

Data Mining ist ein komplexer Prozess und als ein Schritt im umfassenden und komplexen Prozess des *Knowledge Discovery in Databases* (KDD) aufzufassen (Abb. 11.1).

Das Verfahren des Data Mining besteht aus folgenden, nicht unbedingt sukzessiv zu durchlaufenden Prozessphasen[10]:

1. Auswahl des Datenbestands und Datenselektion
2. Datenbereinigung und Datenaufbereitung
3. Festlegung der Zielsetzung und der Analysemethode
4. Datenanalyse: bestehend aus den Aktivitäten wie Bildung von Klassen, Assoziationsanalyse, Klassifizierung, Zeitreihenanalyse, Optimierung von Modellparametern
5. Modellinterpretation und Modellevaluierung

Die Ziele, die von Data Mining anvisiert sind, können wie folgt untergliedert werden[11]:

- Analyse und Auswertung zur Erkennung und Entdeckung von etwaigen Zusammenhängen, Mustern, Trends und Statistiken sollen getrennt von operierenden und sich im Einsatz befindlichen Datenbanken stattfinden.
- Automatisierte Gewinnung von Informationen aus Daten und Datenbeständen mit minimalem Input von außen.[12]
- Bildung von Klassifikationen und Clustern von Daten zur Analyse und Risikobewertung, zur Qualitätskontrolle sowie zur Herbeiführung von Entscheidungen und Vorhersagen.

---

[9] Vgl. Fayyad et al. (1996, S. 14).
[10] Vgl. Petersohn (2004, S. 16) und Dittmar (2004, S. 330f).
[11] Vgl. Vossen (2008, S. 523–532).
[12] Vgl. Elmasri und Navathe (2002, S. 703).

Data Mining ist neben OLAP eine der wichtigsten Anwendungen von Data-Warehouse-Systemen. Data Mining kann ohne Aufbau und Nutzung von Data Warehouse betrieben werden. Der Aufbau und Einsatz von Data-Warehouse-Systemen macht jedoch die Anwendung von Data Mining Verfahren leichter, kostengünstiger und effizienter.

Die Kombination eines Data-Warehouse-Systems und des Data Mining Konzepts eröffnet eine Reihe interessanter Nutzungspotenziale. Durch Anbindung von Data Mining Tools an Data-Warehouse-Systeme werden die Methoden und die Verfahren der OLAP-Tools um die Möglichkeit zur Durchführung der Datenmustererkennung ergänzt und damit steigern sich auch die Nutzenpotenziale eines Data-Warehouse-Systems.

Die Verwendung eines Data Warehouse als Datenquelle bietet aus der Sicht des Data Mining auch große Vorteile und erzielt weitere folgende Nutzungseffekte[13]:

1. Mit zunehmenden Datenvolumina erwächst die Notwendigkeit nach datengetriebenen Mechanismen und Verfahren zur Extraktion und zur Filterung interessanter Informationen als Ergänzung zu den hypothesenbasierten Untersuchungsansätzen.[14]
2. Nutzen Data Mining Tools Data Warehouse als Datenquelle, werden die operativen Datenbanksysteme nicht durch ressourcenintensive Anfrageoperationen belastet.
3. Die Verwendung eines Data Warehouse als Datenquelle für Data Mining und für die Datenmustererkennung weist erhebliche Synergieeffekte auf. Die im Data Warehouse vorhandenen Daten haben einen Großteil der notwendigen Vorbereitungen bereits bei der Übernahme und bei der Integration in das Data Warehouse durchlaufen. Die Verfügbarkeit einer zuverlässigen, konsolidierten und bereinigten Datenbasis eines Data Warehouse ist kostengünstiger als der direkte Zugriff auf operative Datenbestände, die erst aufwendig bereinigt und transformiert werden müssen.
4. Durch die Bereitstellung bereits bereinigter und konsolidierter Datenmaterialien mit hoher Qualität bietet das Data Warehouse ideale Voraussetzungen für zuverlässige Untersuchungsresultate.
5. Das Data-Warehouse-System bietet die Infrastruktur für, die durch das Data Mining gewonnenen Erkenntnisse in die betriebliche Organisation zu propagieren, und stellt diese allen interessierten Entscheidungsträgern zur Verfügung.
6. Die im Data Warehouse vorhandenen Datenbestände – dazu zählen auch aggregierte und verdichtete Daten sowie Informationen zu Hierarchiestrukturen – können von allen Analysewerkzeugen (u.a. von Data Mining Tools) genutzt werden. Mittels Data Mining ermittelte Hypothesen lassen sich in einem weiteren Schritt sofort anhand derselben Datenbasis durch hypothesenbasierte OLAP-Untersuchungen verifizieren.

[13]Vgl. Knobloch (2000, S. 49–50).

[14]Vgl. Knobloch (2000, S. 8f).

Eine Hypothese ist ein Erklärungsvorschlag (Annahme), deren Gültigkeit durch Analyse von beobachteten oder explizit durch Experimente erzeugten Daten geprüft werden muss. Eine Fragestellung wie z. B. „Wie viel Prozent der Käufer von Produkten A und B kaufen auch das Produkt C?" basiert auf einer Hypothese, nämlich, dass zwischen den Käufen von Produkten A und B und den Käufen von C eine Beziehung existiert. Ziel der hypothesenbasierten Fragestellungen ist es, die bestehenden Annahmen und Theorien anhand verfügbarer Daten zu verifizieren. Sie werden auch als Top-Down-Probleme bezeichnet, da die Datenbestände ausgehend von einer Hypothese untersucht werden. Im Gegensatz dazu liegen den hypothesenfreien Problemen keine konkreten Annahmen zugrunde. Sie sind durch eine *Bottom-up*-Vorgehensweise gekennzeichnet, die von den vorliegenden Daten ausgeht und aus der neue Erkenntnisse gewonnen werden. Bei der hypothesenbasierten Vorgehensweise lautet die Fragestellung „Welche Daten passen zu diesem Muster?", während die Fragestellung bei der hypothesenfreien Vorgehensweise lautet: „Welches Muster passt zu diesen Daten?"[15]

Data Mining stellt nicht ein hypothesenbasiertes Verfahren dar, sondern eine datenbasierte Aufdeckung unbekannter Muster und Beziehungen (*Bottom-up*-Vorgehen), welche als ein wichtiges Merkmal des Data Mining zu verstehen ist. Im Kontext des Data Mining ist die Suche nach Auffälligkeiten unabhängig von den Annahmen und subjektiven Präferenzen des Anwenders. Typische Fragestellungen in diesem Umfeld können z. B. sein: „Welche Artikel verkaufen sich besonders gut zusammen?" oder „Welche Charakteristika haben unsere Stammkunden?"[16] oder im Rahmen des Risikomanagements z. B. „Welche Risiken treten häufig zusammen auf und wie sind sie miteinander korreliert?" oder „Welche Abhängigkeiten existieren zwischen Risikopräferenz und Profitabilität der Kunden?".

Während die Ziele der OLAP-Anwendungen verifikationsorientiert sind (man weiß, wonach man sucht), sind die Ergebnisse der Data Mining Anwendungen nicht im Vorfeld klar und müssen sozusagen erst entdeckt werden (man weiß im Allgemeinen nicht, wonach man sucht).

Die wichtigsten Methoden, die im Rahmen des Data Mining zur Anwendung kommen, sind Klassifikation, *Clustering* und Assoziationen, die im Folgenden genauer erläutert werden.

11.2 Klassifikation

Ein Ergebnis des Data Mining Verfahrens sind Klassifikationen wie z. B., dass Kunden mit einem Jahreseinkommen über 30.000€ kreditwürdig sind. Es handelt sich hierbei um den Versuch, auf Basis von bestimmten, vorhandenen und bekannten Attributwerten Vorhersagen über das zukünftige Verhalten von Objekten wie z. B. Kunden, Aktienkurse, Marktanteile usw. zu machen bzw. Hypothesen zu erstellen und ggf. entsprechende Modelle zur Beschreibung dieses Verhaltens zu generieren.

---

[15] Vgl. Knobloch (2000, S. 8f).

[16] Vgl. Knobloch (2000, S. 8–9).

Verfahren zur Klassifizierung (wie beispielsweise Diskriminanzanalyse, überwacht lernende künstliche neuronale Netze oder Entscheidungsbaumalgorithmen) verwenden das Wissen über die Zuordnung von Objekten zu Gruppierungen, Clustern oder Klassen, welches in Daten über die vergangenen Ereignisse vorliegt.

Eine protypische Beispielanwendung ist die Risikoabschätzung von Versicherungspolicen. Hier werden die Versicherten anhand ihrer Attribute klassifiziert, um möglichst eine genaue Vorhersage zu treffen. Zum Beispiel weisen Versicherte, die über 45 Jahre alt, übergewichtig sind und rauchen, nach diesen Modellen ein hohes Risiko auf und sind in eine hohe Risikogruppe einzuordnen (Typ: vorbelastet und anfällig für Krankheiten), während Versicherte der gleichen Altersgruppe, die nicht rauchen und ein normales Gewicht haben, in eine niedrigere Risikogruppe gehören (Typ: nicht vorbelastet und weniger anfällig für Krankheiten).

Allgemein kann eine Klassifikationsregel wie folgt dargestellt werden,

$$P_1(V_1) \wedge P_2(V_2) \wedge \cdots \wedge P_n(V_n) \Rightarrow A = C$$

wobei, $V_1, \ldots, V_n$ die Attribute sind, auf deren Basis eine Vorhersage konstruiert wird, und P_i ist ein Prädikat, das für V_i erfüllt sein muss, damit die Vorhersage $A = c$ gilt.[17]

Mit anderen Worten können z. B. eine Klassifikationsregel und die Vorhersage für das oben genannte Beispiel folgendermaßen dargestellt werden:

$$(Alter > 45) \wedge (Gewichtsgruppe = übergewichtig) \wedge (Rauchen = ja) \\ \Rightarrow (Risiko = Hoch)$$

oder

$$(Alter > 45) \wedge (Gewichtsgruppe = Normal) \wedge (Rauchen = nein) \\ \Rightarrow (Risiko = gering)$$

Entscheidungs- oder Klassifikationsbäume können zur Ermittlung des gesamten Klassifikationsschemas, das sämtliche Klassifikationsregeln umfasst, dienen. Solche Klassifikations- oder Entscheidungsbäume werden anhand der vorhandenen relevanten Datenmengen generiert. Abbildung 11.2 zeigt den Klassifikationsbaum des oben beschriebenen Beispiels. Jedes Blatt des Klassifikationsbaums entspricht einer Klassifikationsregel.

Zur Entwicklung von automatisiert ablaufenden Algorithmen und Methoden im Rahmen von Data Mining ist es in vielen Einsatzbereichen notwendig, Hintergrund und Expertenwissen einzubeziehen, um späteren Unvollständigkeiten oder Verfälschungen der Daten und Ergebnisse vorzubeugen. Hierbei ist es besonders wichtig, zum einen die Relevanz von produzierten Ergebnissen zu prüfen und die relevanten Ergebnisse von weniger relevanten zu unterscheiden und zum anderen eine hohe Performanz und Skalierbarkeit solcher Algorithmen und Methoden zu

[17] Vgl. Kemper und Eickler (2006, S. 512).

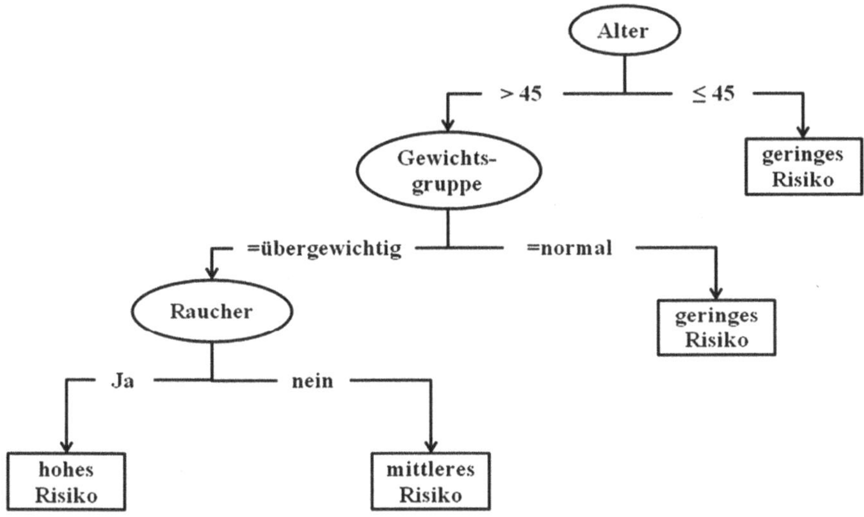

Abb. 11.2 Einfaches Beispiel eines Klassifikationsbaums zur Risikobewertung privater Krankenversicherungen

gewährleisten. Die Anforderung einer hohen Performanz ist vor allem dadurch begründet, dass beim Data Mining Verfahren sehr umfangreiche und sehr große Datenbestände zu analysieren sind, die zum Teil entweder nicht strukturiert oder nur schwach strukturiert (semistrukturiert) sind.

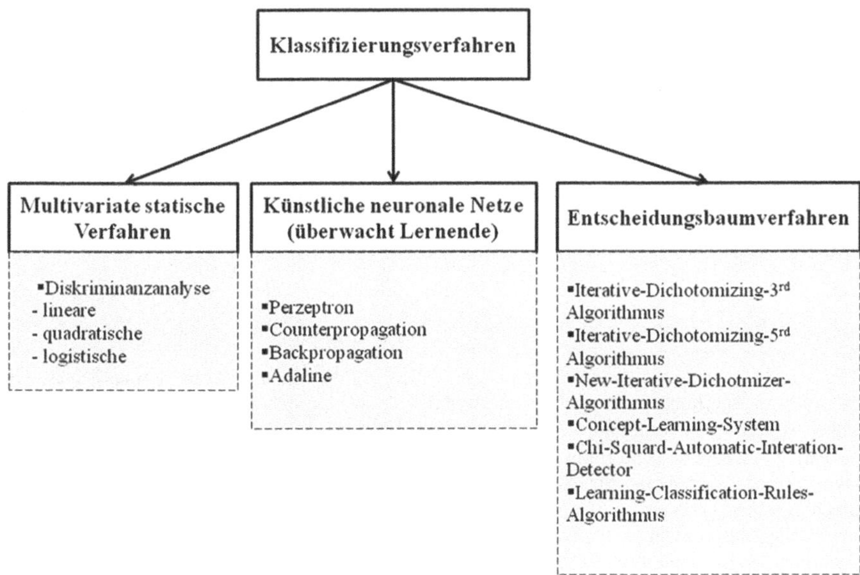

Abb. 11.3 Beispiele für Klassifizierungsverfahren (nach Petersohn)[18]

[18]Vgl. Petersohn (2005, S. 32).

Als Klassifikationstechniken (Abb. 11.3) können Entscheidungsbäume bzw. Bayes'sche Netze,[19] genetische Algorithmen, künstliche neuronale Netze (überwacht lernende) und multivariate statistische Verfahren genannt werden.

11.3 Clusterbildung (*Clustering*)

Eng mit der Klassifizierung ist das Verfahren der Clusterbildung – auch *Clustering* genannt – verbunden, wobei die Datensätze (Objekte) anhand ähnlicher Eigenschaften zu gruppieren sind, ohne die einzelnen Klassen von Anfang an zu kennen. Cluster sind Häufungen von Objekten, die zu allen anderen Objekten in demselben Cluster ähnlich und zugleich von allen anderen Objekten in den anderen Clustern verschieden sind.[20]

Das *Clustering* bewirkt die Identifikation von homogenen Teilmengen aus einer heterogenen Gesamtheit von Objekten.[21]

Zur Bildung bzw. zur Bestimmung von Clustern wird versucht, Gruppen von Datensätzen (Objekten) zu identifizieren, die logisch verwandt sind bzw. logisch zusammenhängen. Die Datensätze (Objekte) sind meist durch mehrere Attribute beschrieben, d. h., sie sind multidimensional, wobei die Anzahl der Dimensionen zum Teil hoch sein kann. Durch die Clusterbildung werden die Objekte so gruppiert, dass die ähnlichen Objekte in ein und derselben Gruppe auftauchen. Beispielweise im Rahmen des Risikomanagements werden die Ereignisse und Entscheidungen anhand ihrer ähnlichen Merkmale (Markt- und Produktsegment, Schadenhöhe, Schadenhäufigkeit) gruppiert und unterschiedlichen Risikokategorien zugeordnet.

Mit der Ähnlichkeit von Objekten wird ein geringer Abstand der Objekte zueinander ausgedrückt. Hierfür kann beispielsweise der Euklidische Abstand – bei einer Abbildung der Objekte in einem zweidimensionalen kartesischen Raum – als Grundlage der Ähnlichkeit dienen. Der Abstand zweier Datensätze kann sowohl durch ihre Ähnlichkeit als auch durch ihre Distanz (Unähnlichkeit) ausgedrückt werden. Bei den metrischen Skalenwerten wendet man zur Bestimmung der Distanz zweier Objekte die sogenannte Minkowski-Metrik an, die wie folgt berechnet wird[22]:

[19] Entscheidungsbaumverfahren basieren hauptsächlich auf den Erkenntnissen Thomas Bayes, der Mitte des 18. Jahrhunderts erstmalig untersuchte, wie aus empirischen Daten die Wahrscheinlichkeit von Ursachen ermittelt werden kann. Die von Bayes entwickelte Bayes'sche Regel und das daraus abgeleitete Kriterium gilt als wichtige Grundlage der Entscheidungstheorie. Beim Bayes'schen Verfahren sind für eine Klassenbildung keine Ähnlichkeiten wie bei Clusteranalyse ausschlaggebend, sondern zu berechnende Wahrscheinlichkeiten dafür, dass die vorgenommene Gruppierung der tatsächlichen entspricht, unter der Bedingung des vorhandenen Datenbestands. Hierfür Vgl. Petersohn (2005, S. 32) und Bissantz (1996, S. 55).

[20] Vgl. Vossen (2008, S. 529f).

[21] Vgl. Bissantz (1996, S. 52).

[22] Vgl. Bissantz (1996, S. 52).

$$d(x_1, x_2) = \left(\sum_{i=1}^{m} \left| x_{1_i} - x_{2_i} \right|^r \right)^{\frac{1}{r}}$$

mit

$d(x_1, x_2)$: Distanz der Datensätze $x_1 = (x_{1_1}, x_{1_2}, \ldots, x_{1_m})$ und $x_2 = (x_{2_1}, x_{2_2}, \ldots, x_{2_m})$
i : Laufindex über alle m Variablen eines Datensatzes
$r > 0$, ganzzahlig

Für $r = 1$ wird von der City-Block- oder der Manhattan-Metrik gesprochen, für $r = 2$ von der Euklidischen Distanz. Bei Datensätzen mit mehreren Merkmalen führt ein großes r ($r \geq 2$) dazu, dass größere Differenzwerte stärker gewichtet werden, u.U. mehr als die Summe kleiner Abstände zwischen den übrigen Variablen zweier Datensätze.

In diesem Zusammenhang werden oft durch Normierungen besonders relevante Dimensionen und Charakteristika stärker gewichtet als weniger interessant erscheinende Charakteristika.[23]

Mit Hilfe der ermittelten Distanzen zwischen Datensätzen (Objekten) wird eine quadratische, sogenannte Distanz- bzw. Ähnlichkeitsmatrix aufgebaut, in dem paarweise für alle Objekte die Ähnlichkeits- bzw. Unähnlichkeitswerte ermittelt werden.

Die Distanz- bzw. Ähnlichkeitsmatrix ist die Grundlage für die Anwendung der Clusteranalysealgorithmen.[24] Die Clusteranalysealgorithmen können z. B. anhand der verwendeten Methode zur Clusterbildung in hierarchisch und partitionierend unterteilt werden.

Das hierarchische Verfahren bildet einen Baum, wodurch der Ablauf der Gruppierung von Objekten (*Clustering*) wiedergegeben wird. Dieser Baum wird auch als Dendrogramm bezeichnet. Ein Dendrogramm kann auf zwei verschiedene Arten, nämlich agglomerativ oder divisiv gebildet werden, wie in Abb. 11.4 illustriert wird[25]:

1. Jedes Objekt wird zunächst einem eigenen Cluster zugeordnet. Anschließend werden die beiden ähnlichen Cluster (Gruppen) vereinigt. Der Prozess der Vereinigung von ähnlichen Gruppen wird so lange fortgesetzt, bis im einfachsten Fall eine festgelegte Anzahl von Klassen (z. B. drei Klassen) übrig ist.
2. Divisive Methoden beginnen mit der Gesamtmenge der Objekte und spalten sie sukzessive in kleine Gruppen auf.

---

[23] Vgl. Kemper und Eickler (2009, S. 548).
[24] Vgl. Bissantz (1996, S. 53).
[25] Vgl. Bissantz (1996, S. 53).

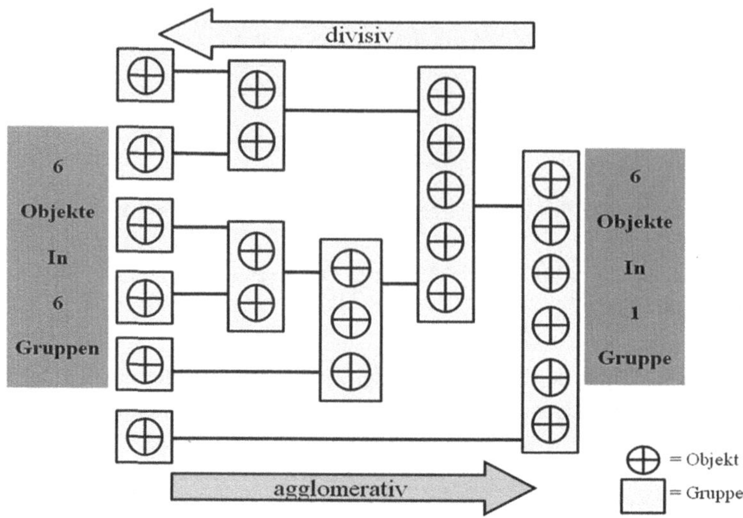

Abb. 11.4 Dendrogramm des hierarchischen *Clusterings* (nach Bissantz)[26]

Die partitionierenden Clusteranalysealgorithmen suchen nach optimalen Partitionen (Cluster), um diesen ein Objekt zu zuordnen. Angefangen von einer vorgegebenen Partitionierung und anhand eines gegebenen Zielkriteriums werden die Objekte von einer Partition so lange in andere Partitionen verschoben, bis das Zielkriterium erfüllt ist. Beispiel hierfür ist der *K-Means*-Algorithmus von Mac Queen oder *Fuzzy-k-Means*-Algorithmus sowie dessen Erweiterungen.

11.3.1 Anforderungen an Clustering

Die erste Aufgabe beim *Clustering* besteht in der Bestimmung der geeigneten Attribute zur Bildung zweckmäßigen und sinnvollen Clustern. Eine weitere wichtige Aufgabe beim *Clustering* und somit beim Data Mining ist das Finden und Behandeln von sogenannten Ausreißern (*Outlier Detection*).

Ein effektives und effizientes *Clustering*-Verfahren sollte folgenden wichtigen Anforderungen genügen[27]:

- *Clustering*-Verfahren sollten skalierbar sein und sowohl für die kleinen als auch für sehr große Datenbestände in akzeptabler und vertretbarer Zeit ein Resultat liefern. Die Skalierbarkeit sollte insbesondere für hochdimensionale Datenbestände ihre Geltung bewahren.

[26]Vgl. Bissantz (1996, S. 54).

[27]Vgl. Kudraß (2007, S. 458). Es werden in der Literatur weitere Anforderungen formuliert, die nach Meinung des Autors aber weniger wichtig bzw. zweitrangig sind.

- Das *Clustering*-Verfahren soll in der Lage sein, die unterschiedlichen Datentypen und Daten mit verschiedenen Skalenarten (z. B. rationale, nominale, ordinale) zu verarbeiten.
- Das *Clustering*-Verfahren sollte bei Daten geringer Qualität bzw. verschmutzten Daten weiter stabil bleiben.

11.4 Assoziation

Assoziationsregeln (in Form $X \Rightarrow Y$ mit einer bestimmten Wahrscheinlichkeit) sind in vielen Szenarien die produzierten Ergebnisse des Data Mining für eine operationale Datenbank oder für einen gegebenen Datenbestand. Bei dieser Art von Data Mining werden die Zusammenhänge im Verhalten bestimmter Objekte durch Implikationsregeln ausgedrückt. Dabei wird der Datenbestand bezüglich der Häufigkeit des gleichzeitigen Auftretens von Objekten und Ereignissen analysiert.

Eine berühmte Anwendung hierfür ist die Beschreibung von Kaufverhalten oder von Kunden. Beispielsweise das Ergebnis eines Data Mining Verfahrens für eine Datenbank eines Kaufhauses, in der die Tagesgeschäfte verwaltet werden, können Assoziationsregeln sein wie etwa „Kunden, die das Produkt A kaufen, kaufen auch entweder das Produkt B oder das Produkt C." oder „mehr als 60% der Kunden, die Produkte X und Y gekauft haben, haben auch Z gekauft."

Um über die abgeleiteten und produzierten Assoziationsregeln und deren Inhalte Aussagen zu machen, deren Relevanz zu bestimmen und diese dann zu charakterisieren, werden spezielle Kenngrößen und Maßen benötigt. In diesem Sinne haben zwei Maßangaben sich gegenüber den anderen durchgesetzt, nämlich Support und Confidence. Support gibt Auskunft über die Wichtigkeit und die Bedeutung von Elementen einer Menge. Je höher Support (das Maß von Support) einer Menge, desto wichtiger ist die Menge selbst. Mit Confidence werden die Mächtigkeit und die Stärke einer Regel ausgedrückt. Support und Confidence werden formal folgendermaßen definiert[28]:

Sei $I = \{I_1, I_2, \ldots, I_m\}$ eine gegebene Menge von Items (Dinge) und $D = \{T_1, T_2, \ldots, T_n\}$ die Menge der relevanten und zu analysierenden Datenbestände aus Transaktionen einer Datenbank, wobei jede Transaktion $T_i \in T = \{T_1, T_2, \ldots, T_k\}$ aus einer Menge von Items (Dingen) besteht, und es gelte $T \subseteq I$. Jede Transaktion ist durch einen Identifikator eindeutig bestimmt. Eine Transaktion T beinhaltet X nur dann, wenn gilt: $X \subseteq T$. Eine Regel $X \Rightarrow Y$ kann dann impliziert werden, wenn $X \subset I,\ Y \subset I$ und $X \cap Y = \emptyset$. Zu einer gegebenen Menge von Items I und einer gegebenen Datenbank D mit n Transaktionen sei $W \subseteq I$ eine Auswahl von Items. Der Support von W ist dann wie folgt definiert:

[28]Vgl. Han und Kamber (2006, S. 230) und Elmasri und Navathe (2002, S. 707–709).

$$support(W) = \frac{|\{T \in D | W \subseteq T\}|}{n}$$

Dies bedeutet, dass der Support von W angibt, wie viel Prozent der Transaktionen die Menge W enthält. Daraus lassen sich die Definitionen von Support und Confidence einer Assoziationsregel der Form $X \Rightarrow Y$ wie folgt ableiten:

$$support(X \Rightarrow Y) = support(X \cup Y)$$

mit anderen Worten

$$support(X \Rightarrow Y) = \frac{\text{Häufigkeit des Auftretens der Regel } (X \Rightarrow Y)}{\text{Anzahl der Transaktionen}}$$

und

$$confidence(X \Rightarrow Y) = \frac{support(X \cup Y)}{support(X)}$$

d. h.

$$confidence(X \Rightarrow Y) = \frac{\text{Häufigkeit des Auftretens der Regel } (X \Rightarrow Y)}{\text{Häufigkeit des Auftretens der Prämisse } X}$$

Somit bezeichnet die Confidence einer Regel $X \Rightarrow Y$ den Prozentsatz der Transaktionen, die Y umfassen, falls sie auch alle Elemente von X enthalten.

Beispiel: In Tabelle 11.1 ist ein Ausschnitt aus einer Warenkorbtabelle exemplarisch dargestellt.

Bei näherer Betrachtung stellt man fest, dass vier Kunden an verschiedenen Tagen unterschiedliche Artikel gekauft haben. Offensichtlich kann eine Regel über die verkauften Artikel bzw. über das Kaufverhalten der Kunden der Form $X \Rightarrow Y$

Tabelle 11.1 Ausschnitt aus einer Warenkorbtabelle

TID	KundenNr.	Datum	Artikel	Preis	Anzahl
1147	11	04.09.2009	X	7,49	2
1147	11	04.09.2009	Y	3,19	3
1147	11	04.09.2009	Z	4,11	1
7777	17	07.09.2009	X	7,49	1
7777	17	07.09.2009	Y	3,19	2
7777	17	07.09.2009	G	1,19	3
1010	99	09.09.2009	X	7,49	2
1010	99	09.09.2009	Y	2,79	4
2020	55	20.09.2009	G	7,49	1
2020	55	20.09.2009	Y	3,19	2
2020	55	20.09.2009	Z	4,11	1

aufgestellt werden. Wenn drei von vier Kunden den Artikel X gekauft haben, haben sie auch Y gekauft. Es gilt:Support

$$\text{Support}\,(X \Rightarrow Y) = {}^{3}/_{4}$$

Es gilt zusätzlich:

$$\text{Support}\,(X) = {}^{3}/_{4} = 0,75 \text{ und Support}\,(Y) = {}^{4}/_{4} = 1$$

Daraus folgt, dass Confidence $(X \Rightarrow Y) = {}^{0.75}/_{0.75} = 1$. Das bedeutet, dass alle Transaktionen in der Warenkorbtabelle, die Artikel X enthalten, auch den Artikel Y enthalten.

Ein wichtiges Anwendungsgebiet des Data Mining zur Ableitung von Assoziationsregeln ist bei Banken und Finanzinstituten zu finden. Hier wird der Begriff Warenkorb uminterpretiert und als eine Sammlung von einem oder mehreren Bankdepots und/oder Bankkonten verstanden. Beispielsweise können bei der automatisierten Analyse und Beurteilung der Bonität der Unternehmen vor einer Kreditvergabe im Kontext des Risikomanagements (siehe Kap. 3) anhand deren Kontobewegungen (Zahlungsein- und ausgänge) Assoziationsregeln ermittelt werden, die drohende Zahlungsschwierigkeiten rechtzeitig erkennen lassen.

Bei einem geringen Support einer Regel wird eher von einem zufälligen Zusammenhang ausgegangen, und eine geringe Confidence einer Regel besagt, dass die Implikation nicht stark assoziiert ist. Solche Regeln haben nur eine geringe Allgemeingültigkeit. In der Praxis werden oft geeignete Mindest-Support- und Mindest-Confidence-Werte vorher festgelegt. Es sind nur die Regeln von Bedeutung und Interesse, welche die gewünschten Mindest-Support- und Mindest-Confidence-Werte aufweisen. Eine Menge von Regeln wird als häufig bezeichnet, wenn sie einen Mindest-Support erfüllt. Es gibt spezielle Algorithmen zur Bestimmung von häufigen Regelmengen.[29] Der Apriori-Algorithmus gilt hierbei als Standard.

11.4.1 Der Apriori-Algorithmus

Der im IBM-Almaden-Forschungszentrum entwickelte Apriori-Algorithmus ist das klassische Verfahren zum Auffinden und zum Herleiten und zum Analysieren von Assoziationsregeln. Viele weitere Entwicklungen wie AprioriTid und AprioriHybrid basieren auf Apriori-Algorithmus.

[29] Vgl. Kemper und Eickler (2006, S. 534–535).

Die Idee des Apriori-Algorithmus ist, dass jede Teilmenge einer häufigen Menge selbst häufig ist. Eine Menge wird als häufig bezeichnet, wenn diese den vom Benutzer vorgegebenen Mindest-Support erreicht bzw. übersteigt.[30]

Der Apriori-Algorithmus braucht als Eingabe[31]:

1. Eine feste Menge von Entitäten (Itemset) I
2. Einen geforderten Mindest-Support δ
3. Eine geforderte Mindest-Confidence γ

und hat den folgenden Ablauf:

I. Finde die häufigen Mengen, d. h. alle Mengen $J \subseteq I$ von Dingen mit $Support(J) > \delta$
II. Erzeuge Assoziationsregeln R durch das Aufteilen einer jeden häufigen Menge J in zwei Mengen LS (linke Seite) und RS (rechte Seite), sodass $J = LS \cup RS$ und $LS \cap RS = \emptyset$ und $R\colon KS \Rightarrow RS$ gilt.
III. Berechne die Confidence für alle im Schritt II. erzeugten Regeln R und gebe diejenigen aus deren $Confidence > \gamma$ ist.

Das Herzstück des Apriori-Algorithmus ist die stufenweise Ermittlung der häufigen Mengen, nämlich Schritt I. Hier wird geprüft, ob die Anzahl des Vorkommens der Teilmengen größer als δ ist. Hierfür werden zunächst alle häufigen Mengen mit einem Element bestimmt und aus diesen dann sukzessive weitere große und häufige Mengen so lange zusammengesetzt, bis sich keine weiteren häufigen Mengen mehr bilden lassen.

Der Algorithmus leitet ein Abbruch bei der Bildung bzw. bei der Ermittlung der häufigen Mengen für den Fall ein, dass eine Teilmenge als nicht häufig identifiziert wird. In diesem Fall werden keine weiteren Obermengen von der als nicht-häufig identifizierten Teilmenge gebildet; der Algorithmus fährt dann mit Schritt II und III fort, wo die Erzeugung von Assoziationsregeln getrennt von der Bestimmung der entsprechenden Supports erfolgt.

Im Folgenden wird der Apriori-Algorithmus in einer Notation, die an Programmiersprachen angelehnt ist, dargestellt. Die Ergebnisse bzw. die gesuchten häufigen Mengen, die den geforderten Bedingungen genügen, werden in einer Menge M ausgegeben[32]:

Gegeben seien eine Menge I von Items und eine Datenbank $D = \{T_1, T_2, \ldots, T_k\}$ von Transaktionen.

i. init $M{:=}\emptyset$;
ii. for each $A \in I$ do

[30] Vgl. Petersohn (2005, S. 104).
[31] Vgl. Vossen (2008, S. 535–536).
[32] Vgl. Vossen (2008, S. 536–537).

if *support*($\{A\}$) > δ then $M := M \cup \{A\}$;
iii. $i := 1$;
iv. repeat

for each set $J \in M$ mit i Elementen
begin
Erzeuge alle Obermengen J' mit $i + 1$ Elementen durch Hinzufügen häufiger Mengen mit einem Element aus M;
if *support*($\{J'\}$) > δ then $M := M \cup \{J'\}$;
end;
$i := i + 1$;
until keine neuen Mengen mehr gefunden werden or $i := |I| + 1$;

Der Apriori-Algorithmus durchläuft die gesamte Datenbank D in jeder Iteration der Repeat-Schleife, d. h., unter Umständen muss jedes Mal D neu geladen werden. Diese Tatsache wirkt sich sehr negativ auf die Laufzeit des Algorithmus aus und verursacht Performanceprobleme. Ein zusätzliches Problem stellt die Wahl der geforderten Mindest-Supports und Mindest-Confidences dar. Eine ungeschickte Wahl von geforderten Mindest-Supports und Mindest-Confidences kann zum Generieren einer recht hohen Zahl von Regeln führen. Daher werden zahlreiche Verbesserungen des Apriori-Algorithmus und Alternativen zu diesem Verfahren in der Literatur vorgeschlagen, wie z. B. AprioriTid, AprioriHybrid, Dynamic Itemset Counting oder Frequent-PatternTree (FP-Tree), die aber in dieser Arbeit nicht konkret weiter behandelt werden.

Die Implementierung der im Rahmen des Data Mining angewandten Methoden und Techniken (Klassifikation, Clustering und Auffinden von Assoziationsregeln)

Tabelle 11.2 Data Mining Methoden im Überblick (nach Hagedorn)[33]

Klassifizierung Data Mining	Klassifizierung Maschinelles Lernen	Methoden
Musteridentifikation		Clusteranalyse Bayes'sche Verfahren Neuronale Netze
Musterbeschreibung	Learning from examples Supervised learning	Entscheidungsbaumverfahren Regelinduktion Regressionsanalyse Varianzanalyse Diskriminanzanalyse Neuronale Netze Genetische Algorithmen
Hybridverfahren	Learning from observation Unsupervised learning	Konzeptionelles Clustern

[33] Vgl. Hagedorn (2006, S. 39).

basieren meist auf Algorithmen, die auf einem Prozessor laufen. Diese Algorithmen können aber kleine bis mittelgroße Datenbestände effizient verarbeiten. Viele Anwendungen und Szenarien weisen jedoch sehr große Datenbestände auf, welche ohne die Entwicklung und den Einsatz von massiv parallelisierbaren Algorithmen nicht effizient zu verarbeiten sind. Das Parallelisieren von Algorithmen, die verteilt auf mehreren Prozessoren laufen, kann anhand diverser Methoden wie z. B. durch das von Google entwickelte MapReduce[34] Programmierungskonzept erfolgen, welches u.a. in der Open-Source-Software Hadoop[35] implementiert wird. Dadurch können grundsätzlich die parallelisierbaren Varianten der existierenden Data-Mining-Algorithmen oder gar neue entwickelt und evaluiert werden.

[34] Vgl. Dean und Ghemawat (2004), siehe http://labs.google.com/papers/MapReduce

[35] Siehe http://hadoop.apache.org. Hadoop ist ein im Rahmen des Projektes der *Apache Software Foundation* entwickeltes Java-Framework zur Erstellung verteilter Anwendungen, die komplexe und umfangreiche Berechnungen auf sehr großen Datenbeständen in (Rechner) Clustern durchführen.

Literaturverzeichnis

Albrecht J (2001) Anfrageoptimierung in Data-Warehouse-Systemen auf Grundlage des multidimensionalen Datenmodells. Institut für Informatik- Dissertation, Universität Erlangen-Nürnberg.

Bauer A, Günzel H (2004) Data Warehouse Systeme Architektur, Entwicklung, Anwendung. dpunkt.verlag, Heidelberg.

Bissantz N (1996) Data Mining im Controlling; Teil A:CLUSMIN-Ein Beitrag zur Analyse von Daten des Ergebniscontolling mit Datenmustererkennung. Dissertation, Arbeitsbericht Band 29, Nummer 7, Erlangen. Institut für mathematische Maschinen und Datenverarbeitung (Informatik), Erlangen.

Bruni P, Bhagat G, Goeggelmann L, Janaki S, Keenan A, Molaro C, et al. (July 2008) Enterprise Data Warehousing with DB2 9 for z/OS- Redbook. International Business Machines Corporation -IBM 2008, Austin, TX.

Conrad S (1997) Föderierte Datenbanksysteme. Springer, Berlin, Heidelberg.

Dean J, Ghemawat S (Dezember 2004) http://labs.google.com/papers/MapReduce. Abgerufen am 01. 02 2011 von http://labs.google.com/papers/MapReduce

Dittmar C (2004) Knowlege Warehouse. Dissertation Universität Bochum, 2004. Deutsche Universitäts-Verlag/GWVFachverlag, Wiesbaden.

Elmasri R, Navathe SB (2002) Grundlagen von Datenbanksystemen, 3. Auflage. Addison-Wesley Verlag, München.

Farkisch K (1999) Konzeption und Realisierung eines Process Warehouses zur Unterstützung der flexiblen Ausführung von Workflows. Diplomarbeit, Technische Universität Berlin, Berlin.

Fayyad U, Piatetsky-Sharipo G, Smyth P (1996) From data mining to knowledge discovery in databases. AI Magazine 17:37–54.

Garcia-Molina H, Ullman JD, Widom J (2009) Database systems: The complete book, 2nd edn. Pearson Prentice Hall, Upper Saddle River, NJ.

Hagedorn J (2006) Data Mining im Controlling; Teil B: Die automatische Filterung von Controlling-Daten unter besonderer Berücksichtigung der Top-Down-Navigation. Dissertation, Arbeitsbericht Band 29, Nummer 7, Erlangen. Institut für mathematische Maschinen und Datenverarbeitung(Informatik), Erlangen.

Han J, Kamber M (2006) Data mining concepts and techniques, 2nd edn. Morgan Kaufmann Publishers, San Francisco, CA.

Hansen R, Neumann G (2001) Wirtschaftsinformatik I, 8. Auflage. Lucius& Lucius Verlagsgesellschaft mbH, Stuttgart.

Inmon W (1996) Building the data warehouse, 2nd edn. Wiley, New York, NY.

Jarke M, Vassiliou Y, Vassiliadis P (2000) Fundaments of data warehouses. Springer, Berlin, Heidelberg, New York.

Kemper A, Eickler A (2006) Datenbanksysteme, 6. Auflage. Oldenburg Wissenschaftsverlag, München.

K. Farkisch, *Data-Warehouse-Systeme kompakt*, Xpert.press,
DOI 10.1007/978-3-642-21533-9,

Kemper A, Eickler A (2009) Datenbanksysteme Eine Einführung, 7. aktualisierte und erweiterte Auflage. Oldenbourg Verlag, München.

Knobloch B (2000) Der Data-Mining-Ansatz zur Analyse betriebswirtschaftlicher Daten, Bamberger Beiträge zur Wirtschaftsinformatik Nr. 58. Otto-Friedrichs-Universität Bamberg, Bamberg.

Kudraß T (2007) Taschenbuch Datenbanken. Carl Hanser Verlag, München.

Labilo WJ, Garcia-Molina H (1996) Effizicient snapshot differential algorithms for data warehousing. Proceedings of the 22nd international conference on very large data bases. Morgan Kaufmann Publischers, Inc, Mumbai (Bombay), India, S 63–74.

Lehner W (2003) Datenbanktechnologie für Data-Warehouse-Systeme, Konzepte und Methoden 1. Auflage. dpunkt.verlag, Heidelberg.

Markl V, Bayer R, Pieringer R (kein Datum) http://mistral.in.tum.de/results/publications/PMB00.pdf. Abgerufen am 28. 12. 2010 von http://mistral.in.tum.de/results/publications/PMB00.pdf

Mertens P, Wieczorrek HW (2000) Data X Strategien. Springer, Berlin, Heidelberg.

Mikut R (2008) Data Mining in der Medizin und Medizintechnik. Universität Karlsruhe (TH), Schriftenreihe des Instituts für Angewandte Informatik/Automatisierungstechnik Band 22. Universitätsverlag Karlsruhe, Karlsruhe.

Oracle (September 2007) Data warehousing Guid 11 g release 1 (11.1). Oracle.

Petersohn H (2004) Data-Mining-Anwendungsarchitektur. Wirtschaftsinformatik 46:15–21.

Petersohn H (2005) Data Mining Verfahren, Prozesse, Anwendungsarchitektur. Oldenbourg Verlag, München.

Saake G, Sattler K-U (2006) Data-Warehouse-Technologien, Vorlesungsfolien Einführung. Technische Universität Ilmenau; Universität Magdeburg, Ilmenau; Magdeburg.

Saake G, Sattler K-U, Heuer A (2008) Datenbanken Konzepte und Sprachen 3. aktualisierte und erweiterte Auflage. Redline, Heidelberg.

Sattler K-U, Saake G (2006/2007) Data-Warehouse-Technologien - Vorlesungsfolien Teil II. Technische Universität Ilmenau; Universität Magdeburg, Ilmenau; Magdeburg.

Scholl MH, Mansmann S (2008) Data Warehousing und OLAP – Vorlesungsfolien. Universität Konstanz, FB Informatik und Informationswissenschaft LS Datenbanken und Informationssysteme, Konstanz.

The Apache Software Foundation (kein Datum) http://hadoop.apache.org. (T. A. Foundation, Produzent) Abgerufen am 13. 01 2011 von http://hadoop.apache.org

Thiele M (Juli 2010) Qualitätsgetriebene Datenproduktionssteuerung in Echtzeit-Data-Warehouse-Systeme: Dissertation. TechnischeUniversität Dresden- Fakultät Informatik, Dresden.

Vossen G (2008) Datenmodelle, Datenbanksprachen und Datenbankmanagementsysteme, 5. Auflage. Oldenbourg Verlag, München.

Sachverzeichnis